口蹄疫免疫与
免疫效果评估指南

【意】詹卡洛·费拉里(Giancarlo Ferrari)
戴维·佩顿(David Paton)
塞尔吉奥·达菲(Sergio Duffy) **编著**
克里斯·巴特尔斯(Chris Bartels)
西奥·奈特·琼斯(Theo Knight-Jones)

朱元源　邹兴启　徐　嫄　赵启祖 **译**
赵启祖 **审校**

U0246110

中国农业出版社
联合国粮食及农业组织
2022·北京

本出版物原版为英文，即 *Foot and Mouth Disease Vaccination and Post-Vaccination Monitoring*，由联合国粮食及农业组织于 2016 年出版。此中文翻译由中国兽医药品监察所朱元源等对翻译的准确性及质量负全部负责。如有出入，应以英文原版为准。

本信息产品中使用的名称和介绍的材料，并不意味着联合国粮食及农业组织对任何国家、领地、城市、地区或其当局的法律或发展状况，或对其国界或边界的划分表示任何意见。提及具体的公司或厂家产品，无论是否含有专利，并不意味着这些公司或产品得到联合国粮食及农业组织的认可或推荐，优于未提及的其他类似公司或产品。

本信息产品中陈述的观点是作者的观点，不一定反映联合国粮食及农业组织的观点或政策。

ISBN 978-92-5-109349-8（联合国粮食及农业组织）
ISBN 978-7-109-29112-6（中国农业出版社）

前　言

过去 10 年，口蹄疫（foot-and-mouth disease，FMD）的有效控制和部分国家的根除成果令人振奋。口蹄疫渐进控制路线图（progressive control pathway for FMD，PCP-FMD）是对口蹄疫控制进行风险管理和成本核算的一种新方法。该路线图为联合国粮食及农业组织（Food and Agriculture Organization，FAO）和世界动物卫生组织（World Organization for Animal Health，OIE）全球控制策略做出了重要贡献（2012），是实施口蹄疫全球控制策略的核心内容。FAO 和 OIE 一贯鼓励、支持其成员选择合理的口蹄疫控制方法，降低口蹄疫对食品安全和贸易安全的影响，以改善民众生活。

目前，口蹄疫仍然在大多数亚洲、非洲国家和中东地区流行。任何一例口蹄疫的暴发都可能对农民造成毁灭性的影响，如家畜数量减少、收入降低、营养及消费品短缺等。

控制和消灭口蹄疫的主要有效手段之一为合理使用优质和组分适宜的疫苗。其中，重中之重是必须清楚掌握该地区流行毒株的最新信息，以便选择恰当的疫苗毒株。

一般情况下，疫苗及免疫费用占口蹄疫防控经费的90％以上。因此，必须计划和评估疫苗使用及免疫效果，以说服决策者包括最重要的决策者即农牧民维持持久的免疫效果。本指南提出 FAO 和 OIE 推荐实施口蹄疫免疫与免疫效果评估的基本原则，以及实施免疫的最佳方法，重点说明如何评价和确保免疫计划的成功实施。本指南列出了专家观点：疫苗对田间流行毒株的保护效力，直接影响口蹄疫对偶蹄动物的感染情况，间接影响地区及全球贸易。

本指南旨在指导和评估口蹄疫渐进控制路线图在不同阶段国家或地区的免疫计划，也适用于因口蹄疫病毒侵入拟重新恢复无口蹄疫状态的国家，以及根据《OIE 陆生动物卫生法典》停止免疫获取无口蹄疫认证的国家。本指南强调了落实口蹄疫免疫计划，尤其是实施免疫时有效执行兽医服务的重要性。

鉴于本指南的大多数读者和使用者是广大疫病管理者，而非口蹄疫专家，因此编撰人员对口蹄疫背景知识、方法和实际应用实例等进行了简要概述。

感谢本指南的编辑、撰写者，来自亚洲、非洲和南美洲等众多国家的审稿人，疫苗生产商，以及包括 OIE 和 FAO 参考实验室在内的特邀口蹄疫专家，感谢他们为指南做出的宝贵贡献。

Juan Lubroth 博士（FAO 动物卫生处首席兽医官）

Monique Eloit 博士（OIE 总干事）

概　　述

多年来，OIE 国家控制计划及口蹄疫状态认证的建立，促进了口蹄疫控制和/或消灭计划在各地区成功实施，有效控制了口蹄疫再次传入引发的贸易风险。2012年，FAO 和 OIE 宣布了全球口蹄疫控制策略，其中包括口蹄疫渐进控制路线图，其详细阐述了每一步控制措施的原则。OIE 兽医服务绩效评估有助于国家评估口蹄疫防控计划的实施效果。免疫作为防控计划的重要组成部分，可有效地降低口蹄疫的影响，阻断病毒传播，最终建立和维持无口蹄疫状态。

选择恰当的疫苗和免疫策略并成功实施受多种动态因素的影响，其中包括病毒的多样性、疫苗的性能与稳定性、易感动物种类与养殖模式、免疫目的、疫苗免疫期、免疫方案的设计与实施。

此外，免疫措施取得成功，还须得到其他控制措施的支持，必须对疫苗选择和免疫全过程进行连续监测和评估，才能确保实现口蹄疫持续控制的目标。本指南旨在帮助指导这一过程。由于口蹄疫防控环境千变万化，所采取的方法多种多样，因此本指南是非强制性的，它总结了疫苗选择和免疫策略的多种选择方案，列出了确保疫苗提供保护性免疫应答效力，以及实施免疫计划是否达到为群体提供免疫保护水平的检查方法。

目　　录

引　言

　　口蹄疫是目前已知传染性最强的病毒病之一，对经济、社会和环境具有潜在的破坏作用。口蹄疫由属于小 RNA 病毒科口蹄疫病毒属的口蹄疫病毒（Foot-and-Mouth Disease Virus，FMDV）引起，口蹄疫病毒有 7 个免疫原性不同的血清型，即 O、A、C、SAT 1、SAT 2、SAT 3 和 Asia1 型。全球控制和消灭口蹄疫进展差异悬殊，有些国家消灭了口蹄疫，或基本消灭了口蹄疫，但有一些国家则依然处于口蹄疫防控的早期。近期，国际口蹄疫渐进控制线路图得到广泛认可[15,38]，激发了一些国家和地区控制口蹄疫的热情[43]。免疫是防控口蹄疫的重要工具之一，本指南旨在指导以优化疫苗免疫为基础的防控策略，这将使计划实施控制措施的国家受益。根据当地实际情况和防控目标，可以选择不同的免疫方法，如大规模免疫、特定种群免疫、带状或高风险区免疫（隔离免疫——译者注）、疫情暴发时环状免疫及无疫病区周边的缓冲区或保护区免疫。口蹄疫疫苗免疫效果受多种因素影响，差异很大，有时甚至差异巨大，因此必须不断监测疫苗免疫方案和计划的有效性，并查明失败原因，确保口蹄疫防控效果的持续性。

本指南的目的

　　许多国家没有充分对口蹄疫免疫效果进行监测，也许因为没有意识到监测的重要性，但通常是因为不知道选择何种方法来实现自己设定的特定目标和需求。本指南旨在阐述和分析实施口蹄疫免疫计划过程的每个步骤，帮助实施计划的国家评估免疫方案和计划实施的效果。本指南主要针对牛的免疫，类似的原理和方法也可在其他反刍动物及猪的免疫效果评估中应用。下文中，本指南的目的简称为免疫效果评估。

为什么要进行免疫效果评估?

免疫效果评估有助于优化免疫方案和计划，利用有限资源实现预期目标。评估免疫计划对疫病控制的作用进行评估，有助于证明免疫费用的合理性，同时查明免疫方案的弱点，从而改进工作。无效的免疫计划浪费大量的公共和私有资金，造成畜主及其他养殖业相关人员对口蹄疫的控制前景感到非常失望。对于采取口蹄疫免疫控制的国家（口蹄疫渐进控制路线图处于第二至第三阶段），免疫计划和群体免疫监测是国家监测体系的重要组成部分，也是获得 OIE 国家口蹄疫控制计划认可或 OIE 免疫无疫国（区）认证（口蹄疫渐进控制路线图第三阶段及更高阶段）所要求的。此外，免疫效果评估将促进生产和使用高质量疫苗，并推动疫苗的改良与研发。

指南说明

本指南由专家组撰写，为基层用户在免疫计划实施中进行免疫效果评估提供具体指导。为了平衡理论与实践之间的差异，本指南并非面面俱到，而是注重阐述一般性原则，以便让读者根据具体情况选择组合，确定适合的方法。同时，也试图为处于口蹄疫渐进控制路线图不同阶段的国家调整免疫效果评估提供技术支持。

表 0-1 概述了各章的目标及相关信息。第 1 章介绍了口蹄疫疫苗的基础知识及疫苗生产商应满足的条件。第 2 章描述了口蹄疫渐进控制路线图不同阶段免疫计划所要达到的目标，介绍了疫苗运输、免疫程序和免疫覆盖率确定的基本原则及方法。第 3 章

介绍了疫苗购买前后，在个体、牛群或种群水平测定疫苗免疫应答的实用方法。当疫苗质量尚不完全了解，或疫苗毒株保护性与抗体效价相关性未完全确立或得到验证时，这些方法有助于解决在疫苗效果评估与分析工作中遇到的困难。不同免疫计划的目标反映了口蹄疫预防控制的不同进展阶段，即降低口蹄疫临床发病率、减少环境中口蹄疫病毒循环传播、维持无口蹄疫状态、恢复无口蹄疫状态等阶段，群体免疫评估将结合不同的目标来实施。

表0-2总结了疫苗免疫效果评估的核心要素。第2章和第3章讲述了关键方法的详细资料，见附件1和附件2。第4章简要介绍了免疫效果评估对口蹄疫控制（如降低口蹄疫的发病率或感染率、证明没有发病或感染）的影响。免疫效果也取决于疫苗免疫以外的其他措施的落实情况，本指南不涵盖口蹄疫整体控制的综合评价措施。

表0-1　各章免疫效果评估内容的概述

内容	第1章　疫苗特性	第2章　疫苗免疫计划、疫苗运输、免疫程序和免疫覆盖率	第3章　免疫效果评估	第4章　免疫和其他控制措施的效果评估
告诉我们什么	如何选择和购买合适的疫苗	成功实施免疫计划的因素	如何在购买疫苗前后检测疫苗；如何评估免疫计划对目标群体实施了有效的免疫	评价免疫在减少疫病和/或病毒传播方面的有效性
监测对指标和目标的确认方法	质量文件（每批）包括：保质期、预计保护持续期；效力（每批）；r值（每株）；疫苗纯度（每批）	疫苗运输温度卡；免疫记录卡；免疫登记簿；疫苗运输与管理进展；不同年龄动物接种疫苗的比例	流行病学单元中所含具有足够保护性抗体动物的比例；确定接种疫苗后的保护水平	临床暴发口蹄疫的次数；血清学调查（动物、流行病学单元）病毒传播水平；疫情中免疫动物与非免疫动物出现口蹄疫临床症状的比例
频率	每批	连续监测	在特定的时间间隔内，如第3章所述	每单位时间和一段时间内的连续监测

注：r值用以检测疫苗毒株与田间流行毒株的抗原匹配性的一种血清学方法。

表 0-2　第 3 章中讨论的疫苗免疫效果评估概述

章节	研究类型	研究参数			设计		
		目的	结果	举例	靶动物	样本量	取样天数
3.3	疫苗质量的自主评价	购买疫苗前对血清进行确认及校准	接种疫苗后蛋白抗体反应水平（有或没有加强免疫）	一个国家采购一种以前未曾用过的疫苗，并且没有从供应商那里得到疫苗质量的可靠保证	个体动物水平；牛在 6～9 月龄时接种疫苗，无非结构蛋白抗体	每批 12 头接牛；单剂量 5 头接牛；加强免疫 5 头接牛；对照 2 头（不接种）	第 0、5、14、28、56 天；检测蛋白抗体（疫苗应答）和非结构蛋白抗体（排除研究前和研究期间的感染）
3.4	田间条件下疫苗免疫效果评估	免疫开始时，对免疫的抗体反应进行检测	更准确地估计特定免疫后产生抗体效价的动物比例和免疫持续时间；估计免疫后产生非结构蛋白抗体的动物比例	在接种期间，测定接种后预期保护水平并测试预期特异性非结构蛋白抗体	个体动物水平；牛在 6～12 月龄时接种；无非结构蛋白抗体；来自不同流行病学单元一个的非结构蛋白单元不超过 5 头	计算样本量的输入参数：估计产生抗体效价的动物比例为 85%，允许误差为 5%，置信水平为 95%，55 头动物	第 0 天（接种日）和第 28、56、168 天；检测蛋白抗体（疫苗应答）和非结构蛋白抗体（排除研究前和研究期间或感染）疫苗纯度不足以研究白
3.5	群体水平免疫评估	任何时候评估动物的免疫水平（由于免疫或感染）	具有充分的疫苗免疫诱导或感染诱导免疫的动物比例	用于评估一段时间内免疫计划水平与免疫诱导和/或感染之间关系的方法；研究可应用于口蹄疫渐进控制路线图的 4 个阶段	个体动物水平；不考虑免疫状况；牛年龄组：0～6 月龄、6～12 月龄、13～24 月龄、>24 月龄的 4 个	一般指每个年龄组；每个流行病学单元 10 头动物，以及 27 个流行病学单元	任何时候都要记录每头动物接种史；按照上述方法检测蛋白抗体和蛋白结构白

（续）

章节	研究类型	研究参数				设计	
		目的	结果	举例	靶动物	样本量	取样天数
3.5	群体水平免疫评估	任何时候评估流行病学单元的免疫效果或免疫（由于免疫或感染）	流行病单元接种疫苗未足量和/或感染后免疫力不足的动物比例	用于评估一段时间内免疫计划与免疫水平之间关系的方法；研究可应用于口蹄疫渐进控制路线图的4个阶段	流行病学单元水平；不考虑感染状况，随机选择流行病学单元。随机选择单元中的牛；考虑感染状况，处于免疫减少环境中流行病毒，或免疫无口蹄疫状态。在流行病学单元选择牛的年龄组分类为6～12月龄和13～24月龄组		任何时候都要记录流行病史；免疫史；按照上述方法检测抗体和非结构蛋白抗体为口蹄疫病毒非结构蛋白抗体

注：蛋白抗体为口蹄疫病毒结构蛋白抗体（免疫或感染刺激产生的保护性和血清型特异性抗体）、非结构蛋白抗体（感染或接种未纯化疫苗产生的无保护性和无血清型特异性抗体）。

谁将参与本指南的实施？

国家政府决策者应制定免疫效果评估的目标，并分配免疫效果评估相关资源。流行病学专家和统计学专家选择并设计与国家目标相宜的方法，进行数据处理与分析。临床兽医、非政府组织和动物防疫工作人员采集样品并进行数据分析。兽医诊断实验室专家分享免疫效果评估血清学检测的数据，进行诊断分析并参与血清学检测结果的解释。其他有关免疫效果评估的建议，应向 OIE/FAO 口蹄疫参考实验室和协作中心寻求咨询：www. wrlfmd. org/ref_labs/ret_lab_reports/OIE-FAO FMD Ref Lab Network Report 2013. pdf、www. fao. org/ag/againfo/partners/en/ret_centres. htm。

何时使用本指南？

一是决定实施免疫计划；二是规划免疫计划；三是实施免疫计划过程；四是免疫效果评估和评价疫苗有效性。

加强兽医服务实施免疫效果评估的重要性

口蹄疫免疫效果评估的成功实施是疫病控制的重要监测工具，疫病控制始终是国家兽医服务部门的最终责任。《OIE 陆生动物卫生法典》规定，国家兽医服务机构是实施动物卫生与福利措施，以及其他标准或建议的政府或非政府组织。

国家兽医服务机构包括相关公共或私营组织、兽医及经兽医局认可并正式批准履行委托职责的兽医辅助机构。兽医局应得到立法支持，有责任和能力确保及监督上述动物卫生和福利措施、国际兽医认证，以及其他标准和国际兽医法典建议的实施。

本指南所描述的全部工作程序、兽医服务的质量和良好的管理模式，通过公共服务机构和授权认可的私营部门，为免疫效果评估方法实施提供保障。

OIE通过多种工具和服务支持其成员达到兽医服务质量标准，其中包括确定实施兽医服务线路图，为改进47个关键能力及有关兽医实验室、兽医教育机构和兽医执法机构的结对方案寻找机会。兽医服务线路图相关详细内容见附件3。

1 疫苗特性

1.1 本章引言

　　口蹄疫疫苗由一个或多个血清型的多个病毒毒株组成，疫苗质量差异较大，因此在选择疫苗时，需要同时考虑疫苗质量和毒株组合两个因素，这是成功实施免疫计划的前提，否则任何努力都是徒劳的。

　　各国疫苗监管机构都制定了各种方法以确保疫苗质量。虽然监管的最终目标一致，但各国监管体系对生产过程控制的重视程度及成品检验不尽相同。如有可能，疫苗生产应符合药品生产质量管理规范。但是药品生产质量管理规范并未被疫苗生产商普遍采用，监管部门也未有效监管，甚至有些国家监管部门也未强制要求。因此，建议在缺乏可靠的药品生产质量管理规范体系的情况下，口蹄疫疫苗生产和检验应符合《OIE 陆生动物诊断试验与疫苗手册》第 1.1.6 章（兽用疫苗生产规程）和第 2.1.5 章（口蹄疫疫苗）的规定[44]，以及包括各国药典要求在内的相关国家标准[1]。

　　疫苗毒株的选择应依据贸易区或地区流行毒株等信息，如果国家未规定，可以咨询地区或国际参考实验室。应定期采集当地流行毒株，送往参考实验室检测分析，以获得较为权威的信息。

　　一旦选择了合适的疫苗株，就应对疫苗质量进行监管。本章旨在为选择口蹄疫疫苗提供指导。

1.2 疫苗类型

口蹄疫病毒通常使用乳仓鼠肾细胞培养，病毒悬液经过过滤或离心去除细胞碎片以澄清，然后按照灭活动力曲线用化学试剂如二乙烯亚胺灭活病毒。病毒灭活后，可采用沉淀、超滤，或两者结合的方法浓缩病毒抗原，也可以不做处理直接配制疫苗。浓缩过程可以纯化抗原以降低非结构蛋白含量，使用纯化疫苗有助于区分感染与免疫动物。病毒抗原的浓缩和纯化将损失部分抗原，可根据疫苗效力要求进行调整。

根据佐剂的类型，疫苗分为水佐剂疫苗和油佐剂疫苗①。水佐剂疫苗是用氢氧化铝和皂角苷配制而成。油佐剂疫苗有两种类型：单相油佐剂水包油和双相油佐剂水包油包水。水佐剂疫苗常用于牛、绵羊、山羊和水牛，但对猪无效；油佐剂疫苗适用于所有动物。例如，水包油疫苗通常在南美洲用于牛的免疫，水包油包水疫苗通常在亚洲用于猪的免疫。

1.3 疫苗匹配性与疫苗毒株的选择标准

《OIE陆生动物诊断试验与疫苗手册》第2.1.5章[44]描述了口蹄疫疫苗毒株选择的原则和参考方法，Paton等[34]就疫苗毒株的选择做了详细介绍。口蹄疫病毒免疫有血清型特异性，即使同一血清型，不同毒株之间也不完全产生交叉保护。选择疫苗毒株的目的是使疫苗含一个或多个疫苗毒株，从而诱导产生保护性免

---

① 口蹄疫疫苗生产检验的国家标准，是疫苗生产商或计划使用疫苗的国家将遵循的法律依据，如果该标准与OIE标准不完全等同或高于OIE标准，OIE标准仍然可以使用。

疫，抵抗一个或多个流行毒株的攻击。理想的疫苗，可提供广泛保护，能够抵御多种毒株攻击。有些血清型的病毒抗原变异较大。疫苗免疫是否诱导产生免疫保护，主要取决于 3 个独立可变因素：一是疫苗效力；二是疫苗毒株和田间毒株抗原匹配性；三是免疫程序[31]。

例如，高效疫苗可对多种不同毒株产生交叉保护，单次免疫后持续期相对较长。相反，低效疫苗的抗原谱较窄，免疫保护期短，首次免疫之后 1 个月加强免疫才能够提高抗体水平，产生广泛、持久的保护。此外，易感家畜的不同饲养方式和养殖密度对免疫效果也有较大的影响。

1.4　疫苗质量

在实施口蹄疫疫苗免疫控制计划的过程中，疫苗质量及正确选择疫苗毒株至关重要。为确保疫苗质量，生产商必须按照有关标准生产疫苗，如《OIE 陆生动物诊断试验与疫苗手册》第 2.1.5 章所描述的标准。生产过程应遵循《OIE 陆生动物诊断试验与疫苗手册》中所规定的步骤，总结如下：

1.4.1　制造过程要求

（1）种毒管理

应对种毒进行鉴定，特性明确且来源可靠，如来自世界口蹄疫参考实验室或 FAO/OIE 参考实验室。原始种毒必须纯净且无外源病毒。

如果出现新毒株，其与现行疫苗毒株匹配性差且可能造成大流行，可从具有代表性的流行毒株分离株中研发一株新的疫苗株。紧急情况下，如果种毒鉴定尚未全部完成，可紧急批准用于临床，但应认真评估其风险，如新种毒生产的抗原是否有外源病毒污染的风险。

（2）制造方法

大规模悬浮培养或单层细胞培养繁殖病毒制备抗原，应做好生产记录，包括病毒灭活过程、浓缩、纯化和油佐剂的乳化，水佐剂和防腐剂水相疫苗配制等。整个制造过程的关键控制点如下：

①过程控制。一是对接种的易感细胞定时取样，测定其感染性，监测灭活效果和灭活线性关系，绘制灭活动力曲线，确保制备的灭活抗原每 1 万升中感染性病毒颗粒不超过 1 个。二是每批抗原都应进行灭活检验，用易感单层细胞传代法，检验有无活病毒残留。

②成品检验。无药品生产质量管理规范认证时，疫苗生产商应将每批成品按以下标准进行检验：

无菌检验：灭活抗原、浓缩抗原和成品疫苗均应进行无菌检验，确定是否有微生物污染。

成分检验：检验成品中是否含有规定的疫苗毒株。

病毒非结构蛋白检验：已进行非结构蛋白纯化的疫苗，应证明其不产生非结构蛋白抗体。

安全检验：疫苗产品除符合注册档案中安全性要求外，成品均应用本动物进行安全检验，免疫后 14 天内应无局部或全身性不良反应。

效力检验：成品效力检验的标准方法是攻毒试验。对于批签发检验，可采用间接血清学方法，如酶联免疫吸附试验（ELISA）或病毒中和试验计算预期保护百分比或采用其他评分方法代替，但需提供血清效价与保护率之间的相关性证明。

1.4.2 疫苗注册程序要求

疫苗生产商在生产过程中严格进行质量检验，监管机构需要疫苗注册的档案，包括下列质量文件：

①生产制造过程。需要提供第 1.4.1 节部分每一步骤的详细说明。

②靶动物安全性。每一批试验疫苗应按照推荐免疫途径，采用单剂量和双剂量体外接种每种靶动物。试验疫苗应含有允许的最大抗原含量，并按照基本免疫程序进行注射（通常两次注射间隔 1 个月），观察注射疫苗 14 天内是否有局部或全身性不良反应。

③效力。由于有些毒株免疫原性较强，每一种疫苗毒株都应达到规定的效力要求。采用世界口蹄疫参考实验室或其他 FAO/OIE 参考实验室分发的参考病毒，攻毒免疫动物进行疫苗效力检验，牛攻毒试验的操作方法为 PD_{50}（即 50%保护率）或蹄部感染保护法。

④非结构蛋白抗体纯度检验。如果疫苗生产商声明疫苗已经纯化，则每一批疫苗都应进行体内试验，以证明不能诱导产生非结构蛋白抗体。

⑤免疫持续期。免疫持续期取决于疫苗效力，在疫苗保护期结束前，应采取攻毒试验或效力替代方法进行检验。生产商在注册档案中应注明首次免疫的动物日龄及后续免疫程序。

⑥稳定性。作为注册档案的一部分，制造商需要证明保质期结束时的疫苗稳定性，如最低效力维持不变。倘若冷冻或环境温度会影响疫苗质量，则应标示保存温度并警告。

1.5 疫苗购买注意事项

如果一个国家或地区认同口蹄疫免疫是政府口蹄疫控制计划的一部分，那么疫苗应实施许可制度，且在官方监管下使用。疫苗应购自一家或多家信誉良好的生产商，生产商应按照《OIE 陆生动物诊断试验与疫苗手册》第 1.1.6、2.1.5 章的规定，或等同于该规定的国家标准生产疫苗。购买口蹄疫疫苗之前，应向生产商索要疫苗信息档案，以便选择最适宜的供应商和疫苗。当根据疫苗生产商提供的信息或疫苗田间使用情况，对选择的疫苗产生怀疑时，可按照疫苗说明书开展独立检验。免疫一组靶动物，用间接血清学方法检测（见第3.4节）诱导的保护性免疫，必要时可进行攻毒实验。如果重新订购疫苗，需要对使用过前批次问题疫苗免疫过的动物采集血清样本，并进行检测。

1.5.1　通过招标程序采购疫苗

大多数情况下，特别是通过国家预算或机构捐助大量采购疫苗时，要求采用招标程序[4]。

为确保生产商能够提供满意的投标资料，标书应包含以下信息：

①投标人提供的资料。包括：疫苗成分中包含的所有毒株；免疫的靶动物；要求的免疫头份；每头份的剂量和每瓶的头份数；疫苗佐剂的特性与配方；标签的特殊要求，如大小、语言和警告。

②生产商提供的信息。

一般要求包括疫苗生产过程及成品质量检验，且必须符合《OIE陆生动物诊断试验与疫苗手册》第1.1.6、2.1.5章的规定；疫苗生产的设施条件应符合要求，其生产应获得国家监管部门的许可。

特殊要求包括以下内容：

疫苗种类：特指疫苗血清型或毒株，如多价疫苗。

家畜品种：口蹄疫疫苗的免疫动物应为批准使用的靶动物。

数量：详细说明每头份剂量和每瓶头份数。

途径：详细说明注射途径。

佐剂：详细说明佐剂类型，如单相油佐剂、双相油佐剂或氢氧化铝和皂角苷。

效力：详细说明疫苗效力 PD_{50}（通常为 $3PD_{50}$）、免疫产生期（通常为 2 周）、免疫持续期（通常为 6 个月）。

稳定性：详细说明每一批次疫苗的保质期（通常至少为 12 个月）。

参考血清：详细说明能向投标人提供疫苗同源毒株免疫血清，作为免疫后血清学方法监测的参考品。

推荐免疫程序：一般 2 次免疫才能达到 6 个月的保护。

投标文件应按照要求的语言提交，必须提交上述要求的全部文件和证明，以及交付日期、储存建议和有效期。

1.5.2　向投标人提供疫苗

疫苗必须送至招标方指定地点。疫苗容器应配有冷链监控设备，接货前，接收方需确保整个运输过程持续处于 2～8℃，以保证疫苗质量。

每批疫苗均含有该批疫苗详细的文件，由生产商专家代表授权签发，包括生产商提供的信息中所要求的全部信息，此外还包括批次标识、生产日期、特殊说明（如注射前需要摇匀等），以及小心误注射的危险警告等。

1.6　疫苗选择要素

疫苗选择要素包括：疫苗效力差别很大，因此价格不是招标过程中考虑的唯一因素；疫苗和流行毒株之间存在重要的抗原差异，应从参考实验室获取相关建议；向参考实验室寄送近期流行样本进行病毒特性和疫苗匹配性测试；从一个或多个信誉良好的渠道购买疫苗，并确保有独立的质量监管体系；检测使用疫苗前后的免疫应答（见第 3 章）。

2　疫苗免疫计划、疫苗运输、免疫程序和免疫覆盖率

2.1　本章引言

对传染病（如口蹄疫）进行预防免疫，可实现多个目标（见第2.2节）：用于降低感染后临床发病的动物数量，减少疫病造成的经济损失（如幼畜死亡、产奶量下降、生长性能下降和使役能力降低等），以及用于逐步降低或阻断口蹄疫病毒的传播，当免疫动物达到较高比例时，可以阻断病毒在易感畜群的传播。

因此，应针对特定的家畜品种进行免疫，如发病比较严重的奶牛和猪、病毒持续感染或传播的养殖场、易感动物饲养密度高或贸易频繁的养殖场等。免疫预防是应用较为广泛的综合预防控制措施，综合措施还包括诊断检测和暴发控制、动物及其产品流动控制、流行病学调查等。口蹄疫控制虽然是一个长期过程，但已有多个国家和地区出台并实施了不同的分阶段指导意见，形成了口蹄疫渐进控制路线图，且已成功应用多年[15,38]。

运输系统（见第2.3节）指从疫苗分发到交付给免疫员进行免疫动物接种的过程，疫苗的分发和运输系统应保证符合接种条件的动物群体能够高比例地接种到有效疫苗。

免疫程序（见第2.4节）指初次免疫和再次免疫的时间表，它与动物年龄、品种、免疫历史、感染风险、季节及其他因素相

关，所有这些因素随着畜牧业环境、口蹄疫暴发模式及控制计划的目标而变化[16]。

免疫覆盖率（见第2.5节）指实际接种疫苗的动物与符合接种条件的全部动物的比例，其可被监测，并作为疫苗分发和运输的考核指标。动物饲养、流动方式及其他有利于病毒扩散的危险因素影响了病毒的传播速度，进而决定了口蹄疫的免疫覆盖率。免疫覆盖率的相关信息有多种用途，包括监测地方、国家和国际各级免疫服务的执行情况；指导疫病控制计划，发现运输系统的薄弱环节，确定可能需要额外资源或重点关注的环节[7]。良好的免疫覆盖率表明运输系统工作正常。衡量免疫覆盖率，应收集适当数据，理想状态是实施追溯系统，追踪几批疫苗从中央到地方，最后到疫苗使用者的全过程。

免疫的其他重要方面包括：需要决定是否将部分或全部免疫计划委托给畜主，如果决定委托，如何监督或监测其遵循最佳免疫方案；对免疫实施人员进行相应的培训，包括疫苗保存与注射、免疫动物及畜群的记录、不同畜群和村庄之间的生物安全防护等。

2.2 免疫计划的目标

根据免疫计划的目标，按照以下四类情况分为4种主要流行病学单元。

（1）疫苗免疫以降低口蹄疫临床发病率

适用于口蹄疫流行的国家和地区，免疫计划的主要目标是减少口蹄疫的临床暴发，常见于口蹄疫渐进控制路线图中处于第二阶段的国家和地区。

（2）疫苗免疫以清除口蹄疫病毒循环

适用于尚未消灭口蹄疫病毒但在向这个方向努力的国家和地区，根据《OIE 陆生动物卫生法典》（2014 版）[45]第 8.5.48 章，口蹄疫官方控制计划可获得 OIE 的批准。疫苗免疫是综合控制计划的一个组成部分，该计划还包括移动控制、扑杀等，常见于口蹄疫渐进控制路线图中处于第三阶段的国家和地区。

（3）疫苗免疫以维持无口蹄疫状态

按照《OIE 陆生动物卫生法典》（2014 版）第 8.5.3 或第 8.5.5 章认定为免疫无口蹄疫的国家和地区，这些国家和地区消灭了家畜中口蹄疫病毒的流行，免疫计划是为了降低周边口蹄疫病毒的影响，常见于口蹄疫渐进控制路线图中处于第四阶段的国家和地区。

（4）疫苗免疫以恢复无口蹄疫状态

从未发生过口蹄疫的国家和地区（实施或不实施免疫），一旦发生口蹄疫入侵，并试图按照《OIE 陆生动物卫生法典》（2014 版）第 8.5.9 章恢复其无口蹄疫状态。另一类为曾发生过口蹄疫的国家，当口蹄疫再次发生时，正努力恢复其无口蹄疫状态的国家和地区。实施免疫计划作为一项紧急措施，以便恢复无口蹄疫状态，其结果与上文的免疫计划目标（2）中的国家和地区的目标相似。如果疫情得到迅速控制，则可能不需要长期免疫。这种情况可能出现在处于口蹄疫渐进控制路线图第五阶段的国家和地区或那些已经不在该路线图上的国家和地区（已被官方确认为没有接种疫苗的无口蹄疫国家和地区）。

显然，免疫计划的目标、范围、持续时间将决定实施免疫效果评估的目标群体和种群。

2.3 疫苗运输

2.3.1 包装

疫苗应装在小瓶中，并在可控制温度的容器中运输。装箱单应使用收件国家和地区的语言，必须与客户一起包装并签署装箱单，由生产商包装，双方进行核对。

2.3.2　冷链与物流管理

冷链与物流管理指人力、政策、程序、车辆、燃料和设备等组成的系统，共同确保给牲畜接种的疫苗是有效的。因为疫苗有特定的温度要求（2～8℃），有效的冷链和物流管理系统可以防止疫苗从生产到使用期间过热和过冷导致的损坏。从离开生产设施到使用疫苗，在疫苗的储存、运输和装卸过程中，应始终遵循其温度要求。在运输过程中，有必要监测温度并将疫苗保持在推荐的温度范围内，可以通过使用温度监控卡或生产商插入的类似功能设备来实现，需要验证疫苗从生产到运输过程中适当储存温度的连续性。如果疫苗储存正确，疫苗效力应至少在生产商规定的有效期之前仍是可接受的。但是疫苗最好尽快使用，即使保存在最合适的条件下，疫苗的质量在储存期间也会逐渐下降。

2.4　免疫程序

免疫接种动物种类取决于接种疫苗的目的。由于动物饲养密度、饲养方式、流动模式的差异[4]，以及口蹄疫病毒流行毒株的宿主特异性，决定了不同易感动物在疫病流行和传播中的差异。

口蹄疫疫苗的保护期相对较短，当使用高效疫苗能够在短期内提供快速的紧急保护时，可不需加强免疫（单剂即可）。但在有口蹄疫持续风险的地区，则需要采取加强免疫的预防措施，以维持疫苗的保护性免疫水平，选择免疫接种的时间时，应考虑便利性（如动物被圈养时比在牧场时更易于接种疫苗）、疫病发生高风险期（如动物移动或混群时）及前期接种疫苗产生的免疫持续时间[39]。此外，随着时间的推移，为了持续保持高水平的免疫力，免疫动物群的结构与动态变化也会影响最佳免疫时间的选择[28]。

免疫保护期应由生产商确定，但会受到疫苗效力、疫苗匹配性、先前免疫和感染的影响。因此，不能规定加强免疫的固定间隔期，可在初免后 4～12 个月进行。在许多畜牧系统中，动物的周转率很高，每年都有大量的幼畜引种进来。一旦这些动物失去母源抗体，就极易感染，是免疫的重点目标。两剂疫苗注射时间至少间隔一个月，这是获得最佳免疫的基本程序。第二剂疫苗接种能显著提高抗体水平、抗原保护的广谱性和免疫持续期[35]。加强免疫通常在初免后 6 个月左右，根据疫苗质量和毒株强度，有可能将随后的加强免疫间隔期延长至一年。应查阅生产商的注册材料，以确认用于妊娠动物的安全性。新生牛可在出生后两周内接种疫苗，但从免疫母牛初乳中吸收的母源抗体会干扰疫苗诱导的主动免疫，犊牛母源抗体干扰可长达 5 个月，猪可长达 2 个月[24,32]。因此，对免疫水平高的家畜群进行免疫时，猪首免可以推迟到至少 2～3 月龄，牛首免可以推迟到至少 4～6 月龄。然而，由于母源抗体水平差异较大，即使在免疫状况良好的群体，也可能需要提前免疫。此外，在实际规模化生产中，产犊期可能会持续 6 个月或更久，每年动物集中的次数很难超过 2～3 次。因此，每次免疫接种时最好是对所有年龄段的动物进行预防接种，紧急免疫亦是如此[11]。

如果口蹄疫流行呈现季节性，则应在高风险期前 3 个月开始免疫。补免也是一种很好的做法，应在开展其他高风险活动（如动物移动和混群）前进行，需考虑免疫与产生保护之间的时间差及加强免疫的必要性。首免后，应至少留出 10 天的时间产生免疫力，在加强免疫后至少留出 5 天的时间产生免疫力。反刍动物的免疫通常在规定时间内进行（如春季和秋季），而大型猪群的免疫应每半年一次，连续免疫，且委托养猪户具体实施。

可简单而有效地确定第一次疫苗接种最佳时间间隔。例如，为确保动物 3 月龄时首免且免疫不会延迟到 7 月龄之后，那么对新生动物应每 4 个月接种疫苗一次（能够接受首免最低和最高日龄之间进行免疫）。假定首免最低年龄为 6 个月，最高年龄为 12 个月，免疫程序则是每 6 个月一次，这符合每 6 个月对动物加强免疫的模式。

2.5　免疫覆盖率

免疫覆盖率通常指实际免疫动物占应免疫动物的比例，该结果可作为评价运输系统效能的一项指标，也可表述为免疫群体与整个易感群体的比例，因此必须明确名词定义和计算分母。符合接种条件的应免群体和总动物群体之间的差异，取决于免疫的时间、免疫目标群体的结构和动态，这些外在因素加上内在因素（如疫苗本身保护力差异），对免疫计划的有效性具有重要影响。

阻止口蹄疫病毒在畜群内传播所需的免疫覆盖率，取决于一个病例在其感染期感染整个易感群体的平均感染病例数（即基本感染速率）。如果群体部分免疫，则这些动物的传播会阻断，净感染速率将下降。如果每头受感染动物再感染新动物的平均数少于一头（净感染速率<1），则受感染群体的比例将随着时间的推移而下降，最终导致疫情传播停止而根除。免疫的比例取决于免疫覆盖率和疫苗保护效力。已感染动物也将获得免疫力。附件 1 举例说明了免疫覆盖率和阻断病毒传播之间的关系。高饲养密度和放任动物流动等可导致畜群间传播率提高，仅靠免疫无法控制畜群间疫病传播。这便是为何疫苗免疫需与限制动物间传播机会，使用高质量和高匹配度疫苗从而诱导高水平保护等其他防控措施相结合的原因。

计算免疫覆盖率时，可靠的数据至关重要，应建立一个简单的信息系统。

免疫覆盖率可根据接种卡和当地运输中心提供的疫苗批次及剂量登记簿的记录（见附件1）进行评估。

上一轮免疫后，合格动物的免疫覆盖率可根据以下公式计算：

$$合格动物的免疫覆盖率 = \frac{接种疫苗的动物数量}{符合接种条件的动物数量} \times 100\%$$

如果计算整个易感群体的免疫覆盖率，则该比例的分母必须替换为动物总数量，并变为：

$$易感群体的免疫覆盖率 = \frac{接种疫苗的动物数量}{群体中易感动物总数量} \times 100\%$$

评估免疫覆盖率，其信息获取有几种方法[7]。虽然获取可靠和详细的数据需要投入大量资金和精力，但有时简单方法也可行。详细的数据有利于更深入地调查免疫覆盖率的差距，如评估不同地区或行政单位和每个年龄组的覆盖率，并确定受保护的亚群。

分母应反映确定的目标群体，即符合接种条件的群体或整个易感群体。如果分母评估不准确，覆盖率评估也将不准确。拥有国家动物数据库和单独标记动物的国家，获得这一数据可能相对简单。没有国家动物数据库的国家，如果有畜群普查数据也行。如果连畜群数据也没有，则可能需要通过调查来估计这一数据，尽管在实施免疫计划准备分发疫苗前已事先获取了一些初步信息，但在免疫时仍需要评估符合和不符合接种条件动物的实际数量。

有关实际接种疫苗的动物数量的信息也可以从多个来源获得。

口蹄疫免疫覆盖率通常为分发疫苗的剂量（即发送到免疫中心的剂量数）除以估计的群体规模（分发方法）。虽然疫苗分发方法容易实施，但有局限性。为获得可靠的估计结果，应准确汇编记录批次和剂量的登记簿，以及准确估计免疫动物群体。如果没有当地疫苗分发统计表，可能无法确定疫苗覆盖率低的区域。如果记录只描述了某村庄、农场或地区接种了疫苗，而没有描述免疫动物的数量，那么结果可能不准确。因为并不是一个区域内的所有动物都被免疫，尤其是农户的散养动物。如果不同部门均提供疫苗，如公共部门和私营部门，计算时这两部分都必须包括在接种疫苗的动物数量中。

免疫方法与分发方法相同，不同的是田间动物免疫的剂量记录，而非免疫中心的分发剂量。同时，也可记录每一头动物免疫状况，来计算特定时间段内免疫动物比例或动物在其一生中的免疫剂量，当然这需要规范的数据记录和管理能力。

应定期监测和核实免疫覆盖率，附件2详细描述了如何持续记录和分析免疫数据。总体进展应至少每年审查一次，并结合从群体免疫研究中获得的信息，特别是对那些免疫群体的研究（见第3.5节）。

2.6 实施免疫的重点

实施免疫的重点包括：从小规模免疫开始，随着实地经验的积累实施免疫计划；目的和目标明确；选定免疫对象和数量；明确首免和加强免疫的时间；确定谁来实施免疫，并建立监督制度；为疫苗购买免疫、监测等筹措足够资金；采购足够数量的疫苗和应急储备物资；建立疫苗分发中心和冷链系统；建立免疫评价系统评估免疫覆盖率；成立免疫监测队伍。

3 免疫效果评估

3.1 本章引言

评估疫苗对靶动物群体的免疫保护效力是免疫效果评估的核心，也是评估免疫实施和是否能抵抗感染的关键指标。然而，对大规模的田间群体免疫进行分析，需要了解使用疫苗的血清学反应，以及免疫应答与疫病预防和病毒传播的关系。疫苗免疫效果评估是选择疫苗的重要方法。本章描述疫苗免疫效果评估血清学选择和分析的基本原则，以及购买疫苗和大量使用疫苗前后免疫效果评估指南。表0-2概述了疫苗免疫效果评估中所涉及的问题和推荐的方法。

口蹄疫疫苗中组成病毒外壳或衣壳的结构蛋白可以诱导免疫抗体应答，因此免疫动物可检测血清抗体。抗体水平和疫苗保护之间有一定相关性，也可在动物个体中建立与给定保护水平相等的抗体阈值[36]。但抗体阈值会因疫苗、血清学试验及接种后的时间而变化[40]。对于特定疫苗和血清抗体的检验方法，可通过比较疫苗诱导的血清学反应与疫苗效力检验中动物活病毒诱导的免疫保护来确定[3,37]。虽然效力检验与田间实际情况有一定差异，但这为评估群体保护提供了一个合理的阈值。

在不了解保护力与抗体效价相关性的情况下，确定免疫血清学应答仍可指导疫苗选择和免疫计划监测。例如，对疫苗质量进行初步评估，确保疫苗可诱导产生抗体应答，同时可依据诱导抗体水平对候选疫苗的相对效力进行比较。试验血清也可用于标定群体免疫测试方法，如可以监测任何由于疫苗批次或冷链问题造成的抗体水平下降。同样，在监测群体免疫时，即使血清学和保护力之间的相关性不确定，血清学也可用于比较不同亚群之间的免疫差异，如动物年龄的差异或比较免疫的区域有效性。

事实上，确定口蹄疫抗体保护效价相当困难，因为抗体效价受到许多变量的影响，包括疫苗类型、用于血清学检测方法的类型与重复性、保护的毒株及攻毒剂量等。因此，应考虑以下三方面因素：一是确定特定疫苗抗体的保护性效价、攻毒毒株和测定方法，对免疫动物进行检测并将其划分为免疫保护或不保护动物；二是抗体效价不确定，但可通过了解疫苗毒株和田间流行毒株，以及用于适宜毒株和标准评价的血清学方法进行；三是在缺乏血清学评估与保护力之间相关性数据的情况下，可确定多大比例动物的血清学应答与成功接种疫苗相关，即达到预期免疫目标。

疫苗生产商应确保每批口蹄疫疫苗的质量、安全性和有效性［依据《OIE 陆生动物诊断试验与疫苗手册》（2014 版）C 部分第 2.1.5 章所述］。除此之外，独立于疫苗生产商的疫苗评估，应进一步对疫苗质量和毒株匹配性提供保证。采用特定的免疫程序、疫苗和检测方法，可以预测某时间段动物的抗体水平。理想情况下，应在田间广泛使用疫苗之前，对疫苗进行免疫效果评估，并比较不同生产商的疫苗，从而选择合适的生产商[21,22]。使用少量动物进行免疫效果评估的简易方法见第 3.3 节。

此外，在田间广泛使用疫苗前或同期，应当对田间特定免疫动物的血清学水平进行研究。下文第 3.4 节描述的方法，要求使用的动物数量较多，能比较准确地评估所用批次疫苗预期的结构蛋白抗体应答。同时可通过评估非结构蛋白抗体应答的免疫动物比例，进行疫苗纯度检验，这项工作使用少量动物通常无法实现。非结构蛋白抗体检测是监测免疫动物群体是否感染口蹄疫病毒的重要依据。图 3-1 列出了初步评估疫苗免疫应答的考虑因素和方法。

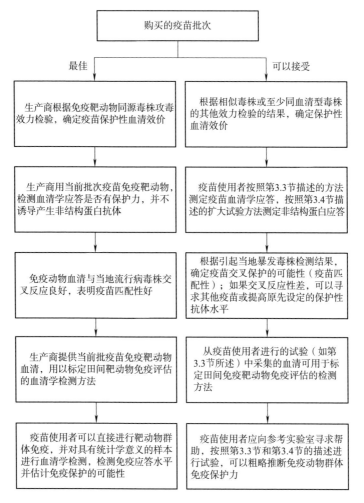

图 3-1　免疫效果评估中疫苗批次的独立检测和
血清学方法校准（标定）的要素和方法

在确定所使用的疫苗能够诱导产生足够的抗体应答、疫苗特性和免疫持续期明确并选择了恰当监测方法后，应对免疫动物群体的应答进行监测，以确认免疫是否获得了预期的效果，这是免疫效果评估的重要内容。在个体和群体水平上设定的免疫目标反映了获得免疫保护的程度，动物饲养密度比较高或动物流动管理不规范的地区，为了阻止口蹄疫临床发病和传播，需获得高水平的免疫保护。此外，如前所述，免疫动物的构成与动态变化也可能影响预期的免疫水平。

可通过多种方法对具有代表性的动物或群体进行样品采集和监测。可通过屠宰场获取监测用的血液样本，该方法通常需经过系统筛选，具体方法将在第 3.5 节中描述。

3.2 用于免疫效果评估的血清学检测方法

3.2.1 结构蛋白抗体应答

口蹄疫病毒结构蛋白抗体血清学检测方法，用于测定疫苗诱导的保护性抗体应答，包括病毒中和试验、液相阻断 ELISA[44]。病毒中和试验的优点是可以同时进行多毒株比较，测定疫苗毒株与攻毒毒株的同源性，如表 3-1 所示。在进行液相阻断 ELISA 时，比较不同毒株的差异相对复杂，试验中需要制备一种或多种毒株的抗原，也需要针对所选毒株制备兔和豚鼠高免血清或单克隆抗体。此外，一些新方法如固相竞争 ELISA[9,29]和其他基于单克隆抗体的 ELISA[6]，虽然在重复性和交叉特异性方面具有优势，但缺乏与保护性相关的数据。病毒中和试验需要在高等级生物安全防护设施中进行，不仅比较费力，而且需要训练有素的工作人员，因此便利性较低。ELISA 可以在一个相对简单的平台上进行大量样品的检测，且不需要深度培训。

表 3-1 抗原差异对血清学检测结果的影响

不同毒株试验	疫苗或田间感染产生抗体的试验灵敏度	
	疫苗或田间感染 A1	疫苗或田间感染 A2
FMDV A1	+++	+
FMDV A2	+	+++
FMDV A3（示例）	++	+

因此，建立完全有效和可重复的疫苗血清学评估方法需要巨大的努力，特别是当涉及大量不同疫苗毒株和田间流行毒株时，如表 3-2 所示。然而，对于疫苗选择和检测能力不足、供应商提供的疫苗适应性有限的国家，在实施口蹄疫免疫计划时，即使血清学评估不准确，免疫预防仍能发挥作用。

表 3-2 影响血清学结果可靠性的变异因子及可能的控制措施

变异因子	控制措施
动物免疫反应的个体差异	使用足够数量的动物评估免疫反应并确定血清学方法的阈值
实验室内及实验室间血清学检测结果的变异性	使用参考血清及实验室间人员能力比对实现检测标准化
抗原特异性检测中使用特定病毒毒株和抗体引起的差异导致血清检测结果的变异性（表 3-1）	选择适合疫苗毒株或田间毒株的检测试剂，或者使用相应毒株的参考血清进行校准试验
口蹄疫病毒毒株抗原特性的变异，疫苗引起的免疫保护可能无法完全保护不同田间毒株的攻击	通过特异性毒株检测或使用参考血清或预实验降低差异，测定抗体与疫苗毒株及攻毒毒株的反应
保护口蹄疫病毒不同毒株所需抗体水平的差异	通过效力检验预实验确定保护阈值

3.2.2 结构蛋白抗体应答与保护力的相关性

对于某些疫苗毒株，可以通过免疫攻毒和采集免疫后特定时间的血清来量化保护力与结构蛋白抗体应答的相关性。采用病毒中和试验或 ELISA 方法确定血清抗体保护水平后[3,30,35,41]，血清学方法可用于常规疫苗效力检验和免疫动物免疫保护水平测定。

例1：Barnett 等[3]采用《欧洲药典》中的攻毒效力测定法，研究口蹄疫病毒 6 个血清型攻毒保护与病毒中和试验抗体效价之间的相关性。表 3-3 总结了 FAO 世界口蹄疫参考实验室对口蹄疫病毒 O、A、Asia 1 型的研究结果。

表 3-3　保护力与血清效价相关性总结（Barnett 等）[3]

血清型	血清效价			
	T_{50}	T_{50}（95%CI）		T_{95}
O	1.6	1.1	1.7	2.1
A	1.4	1.3	1.6	2.1
Asia 1	1.7	0.4	2.0	2.3
合并	1.5	1.4	1.6	2.1

注：T_{50} 为 50% 动物获得保护的抗体效价；95%CI 为 95% 置信区间；T_{95} 为 95% 动物获得保护的抗体效价；3PD50 的疫苗可使约 75% 的动物得到保护，综合上述 3 个血清型，相当于 T_{75} 的抗体效价约为 1.75。

例2：Maradei 等[30]采用液相阻断 ELISA 测定阿根廷 4 株疫苗毒株结构蛋白抗体效价与 75% 预期保护率之间的相关性，数据如表 3-4 所示。

表 3-4　液相阻断 ELISA 抗体效价与 75%预期保护率的相关性

毒　株	液相阻断 ELISA 抗体效价
A24 Crueiro	1.9
A Argentina 2001	2.2
O1 Campos	2.1
C3 Indaial	2.2

3.2.3 非结构蛋白抗体应答

使用降低非结构蛋白含量的纯化疫苗进行免疫，用非结构蛋白抗体血清学方法进行检测，其检测结果可区分自然感染和疫苗免疫。该方法可有效地应用于免疫动物群中病毒循环的评估。实施免疫群体监测，通过剔除非结构蛋白抗体阳性动物，可降低感染风险。由于重复免疫有可能诱导产生非结构蛋白抗体，免疫动物群感染普查的最佳筛查对象是免疫次数少的幼畜。疫苗使用者可自行检测验证所购疫苗非结构蛋白抗体，仅少数动物首次免疫未充分纯化的疫苗而产生非结构蛋白抗体，所以验证试验需要检测大量的动物或加大检测动物免疫剂量[44]。

3.3 评估疫苗质量的小规模试验

如果疫苗生产商未能提供必要的评估信息，或产品不符合图 3-1 的技术要求，建议使用靶动物开展评价研究，确认疫苗是否达到预期性能。应在采购前进行评价研究，简单、经济、有效的方法是在当地购买动物进行免疫和采集血清，并送参考实验室测定血清抗体效价。可根据设施条件、专业能力和财务状况等，决定在本地或参考实验室完成全部试验研究。

可按照以下操作流程进行评估：

动物种类：牛；

状态：动物无口蹄疫病毒和抗体，未接种口蹄疫疫苗；

大小：6～9 月龄；

性别：不相关；

数量：每组试验中，每批次疫苗 5 头不加强免疫、5 头加强免疫、2 头对照不免疫；

标识：逐头耳标；

卫生观察：每日观察；

圈舍：牛饲养在接触口蹄疫病毒风险较小且具备足够生物安保措施的区域或场所；

饲喂条件：标准饲喂，自由饮水；

检验系统论证：口蹄疫疫苗靶动物。

如果使用感染或免疫母牛所生小牛，必须待其母源抗体消退后才能使用，通常到6月龄，免疫前应检测口蹄疫抗体。2头未免疫动物作为对照，与其他免疫动物一同饲养，以监测整个试验过程中是否有口蹄疫病毒感染。

3.3.1 免疫方法与血液采样

以下采样方案提供了免疫后抗体水平变化的相关信息：

免疫前：每头动物采血2管，10毫升/管，分离血清；

免疫当天为第0天：按照标签说明，单剂量免疫动物；

免疫后第5天：每头动物采血2管，10毫升/管，分离血清；

免疫后第14天：每头动物采血2管，10毫升/管，分离血清；

免疫后第28天[1]：5头牛，按照标签说明，单剂量加强免疫，每头动物采血5管，10毫升/管，分离血清；

首免后56天：每头动物采血2管，10毫升/管，分离血清；

选择使用首免后6个月：每头动物采血2管，10毫升/管，分离血清。

---

① 疫苗效力检验中，免疫后21或28天攻毒（一般水佐剂疫苗为21天，油佐剂疫苗为28天），因此有的参考实验室采用免疫后21天血清而不是28天标定其免疫效果评估方法，应事先协商确定使用血清的采集时间。

3.3.2 抗体检测

免疫动物血清需检测结构蛋白抗体，从而评估疫苗的诱导免疫能力。所有动物血清需检测非结构蛋白抗体，以核实试验过程中动物是否感染了口蹄疫病毒。

合适的商品化非结构蛋白检测试剂盒随时可用，如加利福尼亚州卡尔斯巴德生命技术公司的 PrioCHECK FMDV NS 试剂盒，有助于在国内地区开展动物试验。如果开展动物试验的国家可以开展血清型特异性检测，如 PrioCHECK 或参考实验室提供血清型特异性检测方法、液相阻断 ELISA、固相竞争 ELISA 或病毒中和试验，那么应对疫苗免疫的血清所包含的全部血清型的抗体效价进行测定。

参考血清应为本地检测方法标定的血清（其效价最好能与动物效力检验 50% 保护水平相对等），可从参考实验室获取血清，疫苗供应商也可提供批检验血清帮助检测方法校准和结果分析。尤其是 0、5、14 和 28 天时采集的血清，应送至认证的参考实验室以测定疫苗毒株与流行毒株的关系，如图 3-2 所示。

图 3-2 采用血清学方法确定监测疫苗免疫保护力的临界值

3.3.3 结果分析

首次免疫前后非结构蛋白抗体均为阴性，如果加强免疫，检测结果也为阴性。两头对照动物无非结构蛋白抗体和结构蛋白抗体产生。首次免疫后第 5 天，血清中若无结构蛋白抗体产生，表明无免疫应答，否则表明动物免疫之前已感染或已免疫过。参考实验室检测表明疫苗是否诱导免疫保护，如表 3-5 至表 3-7 所示。例如，世界口蹄疫参考实验室平均抗体效价，病毒中和试验为 1.2 和 1.6（$\log_{10}$）、液相阻断 ELISA 相等或略高 2.0（$\log_{10}$）[17]，免疫后 21 或 28 天血清效价达到该水平表明具有足够的保护应答。根据下文方法学，该临界值应用于免疫效果评估。当地测试试验能体现该疫苗在田间广泛应用时可以取得的最佳效果。

上述测试方法使用的动物数量为最小量，扩大使用动物数量后测试数据会更可靠。此外，也可以参照第 3.4 节开展小规模田间试验。

A 型口蹄疫疫苗，免疫 5 头牛，2 头对照未免疫，免疫后 21 天采血并分离血清，参考实验室用 2 株病毒进行病毒中和试验，一株是疫苗同源毒株（A1），另一株是当地流行的异源毒株（A2），如表 3-5 所示计算出疫苗毒株对流行毒株提供免疫保护的可能性。

表 3-5　保护力与血清效价的相关性（Barnett 等，2003）

血清型	血清效价			
	T_{50}	T_{50}（95%CI）		T_{95}
A	1.45	1.326	1.56	2.567

注：T_{50}＝可使 50%动物保护的血清效价，T_{95}＝可使 95%动物保护的血清效价，95%CI＝95%置信区间。

表 3-6　免疫后 21 天每头牛血清对 A1 和 A2 的病毒中和效价

动物编号	中和效价	
	A1	A2
1	1.81	1.34
2	1.51	0.90
3	1.20	1.04
4	1.34	1.20
5	1.81	2.11

表 3-7　疫苗对 A1 和 A2 几何平均效价和预期保护率

血清型	中和效价	对数值（$\log_{10}$）	预期保护率	p 值
A1	1∶34	1.53	0.73	0.125
A2	1∶21	1.32	0.48	0.529

注：P 值<0.05 预期保护率远远大于 50% 动物保护水平。

3.4　田间免疫动物的免疫效果评估

建议在选定疫苗后，开展田间试验以更好地了解该疫苗在扩大的动物群体中的免疫效果，并与第 3.3 节介绍的购苗前试验进行比较。如果未要求购苗前试验，那么购苗后的田间试验中需要开展并完成购苗前的一些试验项目，如血清学检测方法的校准。该试验方法可选择一组动物免疫，并逐日观察。

本节推荐的试验操作程序中有关统计学分析详见附件 2。

免疫效果评估目的：明确免疫后 28 天，结构蛋白抗体效价达到或大于预先指定效价的准确比例；明确首次免疫后 56 和 168 天维持结构蛋白抗体效价等于或大于预期水平动物的准确比例；明确首次免疫后 28、56 和 168 天抗体免疫应答的准确范围和均值；证明疫苗是否诱导免疫动物产生口蹄疫非结构蛋白抗体。

　　根据获取的研究资料信息，该研究可用于免疫效果评估。如果本国无血清学与保护性相关的数据资料，本试验（血清的均值、分布和95％置信区间的效价）有助于确立大范围血清调查中的临界值；如果本国已经有足够的数据资料确定临界值，如高保护力或低保护力，本试验结果有助于确定不同保护力动物的比例，此外均值、分布和95％置信区间的效价有助于完善临界值的确定；如果本国已经确定了抗体效价与保护力的相关性，试验结果有助于评估田间免疫动物群的预期免疫效果。

　　任何疫苗免疫效果评估都需要口蹄疫阴性动物及饲养设施或农场，在该设施或农场中，应尽可能降低动物感染口蹄疫的风险，完成动物的饲养与监测。口蹄疫发病率高的国家（口蹄疫渐进控制路线图第一或第二阶段的国家）或普免的国家，很难找到抗体阴性动物，在这种情况下，为了确保监测过程中不发生口蹄疫病毒感染，应选择过去2年未发生口蹄疫的流行病学单元进行试验。

　　设置田间免疫动物的免疫效果评估操作程序时，建议6～12月龄、达到预期抗体水平的动物比例为85％，标准差为10％，置信度为95％。基于以上条件，研究需达到49头试验动物。可将动物数量扩大为55头，有助于弥补可能剔除的病例或之前感染的病例，以及其他的样本分析问题。采用简单随机抽样或系统随机抽样法，选择6～12月龄、口蹄疫抗体（非结构蛋白和结构蛋白抗体）阴性动物。选择足够数量的流行病学单元开展试验，理想的流行病学单元应是接触田间口蹄疫病毒的机会很小（2年内未检测到口蹄疫），以防止疫苗免疫与田间病毒感染的混淆。实验动物应逐头标识，且分别在0天（首免时）、28天（加强免疫时）、56天和168天采血。

　　样本分析应测定疫苗同源毒株结构蛋白抗体效价（0天时应无抗体），建议测定田间毒株的结构蛋白抗体效价从而确定对流行毒株的保护力，测定有无非结构蛋白存在（田间试验过程中非结构蛋白抗体应始终为阴性）。

计算产生特定抗体效价的动物比例及其置信区间，或计算抗体效价达到或高于保护力临界值的动物比例。计算不同时间点的平均特异性抗体效价。

在试验开始时，只有当动物的结构蛋白抗体和非结构蛋白抗体均为阴性，评价才成功。试验的任何时间点有非结构蛋白血清学应答产生均表明可能发生了感染或疫苗纯度不够。

田间试验结果应提供以下信息：一是单剂量免疫后，能达到特异性抗体水平动物的比例；二是评价加强免疫的效果；三是特异性抗体效价（或水平）的持续期。结合免疫覆盖率数据（如果有提供），可以估算群体水平中具有特定抗体效价的动物比例。尽管口蹄疫流行国家口蹄疫群体免疫状态，受到以往或当下免疫计划及之前田间病毒感染等综合因素的影响，该实验结果仍满足第3.5节的试验目的。此外，扩大田间试验也是考察疫苗使用和免疫效果的区域差异所必需的。

对抗体特定水平（即免疫保护水平）血清学效价的评估，可反映疫苗的效力。在这种情况下，单个动物免疫抗体效价达到或高于保护性抗体水平的比例与疫苗效力相关。

很少有国家像南美国家一样，建立区分高保护力和低保护力的动物血清抗体效价临界值，但是有些国家可从疫苗供应商或专家处得到有效信息，了解可接受的抗体水平。在这种情况下，平均抗体效价的定量评价（95%置信区间）有助于确定临时临界值。

3.5　通过免疫效果评估群体免疫水平

群体免疫指免疫动物占口蹄疫易感动物或口蹄疫防控靶动物

的比例（百分比），以免疫覆盖率或免疫应答动物比例来表示，同时也包含其他免疫应答，如感染、前期免疫及母源抗体。实施口蹄疫控制计划的国家，感染仍很普遍，感染后的免疫比例明显偏高（通常为15%～30%或更高），而处于消灭口蹄疫控制计划后期的国家，感染免疫不应成为群体免疫的重要组成部分。

介绍免疫覆盖率的章节已提到，在设计和分析群体免疫的血清学调查时，确定对免疫动物还是整群动物采样很重要。如图3-3的举例中，整群动物为30头，符合免疫条件的为24头，24头中免疫了20头，其中14头产生了足够的口蹄疫抗体（圆圈中的牛）。抗体可能来自免疫也可能来自感染，如果同时进行结构蛋白和非结构蛋白检测就可以将其区别，因为免疫只能诱导产生结构蛋白抗体，而感染可产生两种抗体。免疫群中出现非免疫牛的可能原因如下：尽管符合免疫条件，但可能因免疫时不在

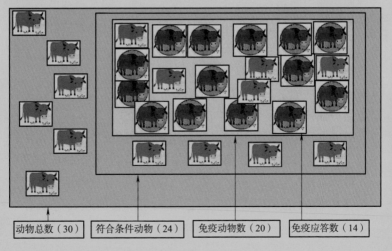

| 动物总数（30） | 符合条件动物（24） | 免疫动物数（20） | 免疫应答数（14） |

图3-3　未免疫、免疫和免疫但无应答的群体构成示意

注：免疫覆盖率为20/24（83%）；免疫群免疫率为14/20（70%），免疫率为20/30（67%），总免疫有效率为14/30（47%）。外加感染可能造成的免疫。

牛圈、野性太强、处于怀孕后期、畜主不配合等因素造成未免疫；不符合免疫条件未免疫，如年龄过小；免疫但未产生免疫应答，免疫应答取决于疫苗效力、免疫过程（剂量少、溢出）、疫苗保质期、冷链。

造成动物群部分免疫的原因有疫苗数量不足、不符合免疫条件（如年龄过小）、从非免疫区购进新动物（如进口）。

目标群体的整个群体免疫率是衡量病毒传播和引起疫病的最好指标，免疫群免疫率用以衡量免疫应答，结合免疫覆盖率数据可全面衡量免疫计划的实施效果。

如前所述，通过持续的免疫计划维持群体免疫率，受到整个易感目标免疫群的组成与动态的影响，两次免疫计划之间动物更替率较高，总体免疫水平随时间而波动，造成总体保护力下降，而不足以阻断病毒传染链（可能传入口蹄疫病毒）。

评价群体免疫水平，对于评估具有特定抗体水平动物的比例和分布很重要。低水平抗体的动物个体聚集成群，造成病毒传入畜群并在畜群中传播。特殊的养殖模式可采用不同的免疫程序（如大型养猪场），识别高风险动物群（如牧场、村庄等）有助于了解疫病感染的流行病学特征，从而改进免疫计划。

以下两种方法可以评估畜群的免疫状态，一是在个体水平评估免疫状态，二是在流行病学单元级别（如畜群或村庄）评估免疫状态，这两种方法有不同的方法学要求。因此，通常使用两种方法中的一种，但不能两种方法同时使用。一般而言，口蹄疫防控处于口蹄疫渐进控制路线图第二或第三阶段的国家，在实施免疫预防时，建议采用个体动物水平评估免疫状态，而处于口蹄疫渐进控制路线图较高阶段即病毒传播较低的国家，以及正在达到（或已经达到）官方宣布免疫或非免疫无口蹄疫状态的国家，建议在流行单元水平评估免疫状态。无论采取哪种方法，研究应在特定时间点对动物采样。

统计学方法的背景知识和举例详见附件 2。目标是评估抗体达到特定水平的单个动物比例（第 3.5.1 节）或单个畜群或流行病学单元的比例，其中单个动物抗体应超过具有免疫保护性的特定临界值（第 3.5.2 节）。

单个动物样本采集的时间取决于获取的信息类型，假定免疫计划每 6 个月定期实施，那么通常有以下两种情况：一是免疫时采样，评估免疫计划开始时的免疫状态，以及上一次免疫计划残留的免疫状态；二是免疫之后特定时间点采集样本，动物免疫后 1～3 个月采集血清样本，评估其免疫最高峰。

及时在两个不同时间点对动物采样评估群体免疫变化，如免疫时 0 天采样、1～3 个月后再采样，群体免疫水平会明显升高。需要注意的是，实施两次采样、两轮采样的动物不一定相同。

拟建立的评估不同于第 3.4 节所描述的评估，该评估靶定的是个体而不是群体免疫状态（即评估总群体免疫率）。理论上，可对 6 月龄以下的动物进行采样，但实际上，常对 3 个年龄段动物进行评估，即 6～12 月龄、12～24 月龄及 24 月龄以上的动物。将幼畜纳入调查取决于调查的目的，即是否想了解母源抗体的保护水平，以及确定首次免疫的最佳年龄。实际上，如果评估目标包括不符合免疫条件的幼畜，评估对象包括 4 个年龄组的动物，下一部分将介绍具体的样本量，如果调查仅限制在符合免疫条件的年龄组，将不包括 6 月龄及以下年龄组，其他 3 个年龄组的样本量保持不变。

目标不同，提前获取的信息不同，以下方法将用于确立免疫血清学可接受的临界值：第一种方法为主要检测方法；第二种方法则为补充，最终目标是提供田间保护；第三种方法最接近实现该目标。

证明疫苗在田间使用与在受控制条件下使用同样有效、动物成功获得全剂量免疫。该方法中，对照免疫血清（如第 3.3.1 节所描述）可作为预期免疫的基准。这些对照血清应在免疫之后与群体调查同时采集。无论使用何种结构蛋白抗体检测方法和抗原毒株组合，田间使用都能得到期望的血清效价，进而确保疫苗的有效性。

证明疫苗能产生有效免疫保护，可抵抗同源疫苗毒株的攻击。使用与疫苗同源毒株的结构蛋白检测方法，其临界值由同源毒株的效力检验或标定血清的校对估计得出，或依据以往的检测经验算出。

证明疫苗能够产生足够的保护力，保护该地域免受流行毒株或威胁毒株的攻击。使用本地流行毒株（或等同毒株）结构蛋白抗体检测方法，其临界值来源于异源毒株的效力检验或标定血清的校对估计得出，或依据以往的检测经验算出。

3.5.1 在个体水平监测免疫后的群体免疫

第一，建议达到特定抗体水平各年龄组动物的预期比例：0～6月龄组，预期比例为60%；6～12月龄组，预期比例为70%；12～24月龄组，预期比例为80%；大于24月龄组，预期比例为90%。

第二，标准误差为10%。

第三，置信度为95%时：

①按照上述要求，每个年龄组需要流行病学单元数量如下：0～6月龄组，26个单元，每个单元采集10份样品（合计260份）；6～12月龄组，26个单元，每个单元采集7份样品（合计182份）；12～24月龄组，26个单元，每个单元采集4份样品（合计104份）；大于24月龄组，26个单元，每个单元采集2份样品（合计52份）。

②合计以上采样数为598份，如果6月龄及以下年龄组不采样，则样品减少到338份，每个年龄组增加一个采样单元以弥补

样品的不足。

③流行病学单元的选择取决于制定的采样方案：应该有一份可靠的流行病学单元列表和每一单元估计的动物数量及在4个年龄组的分布，然后按照大小比例概率选择单元，同时采样时考虑每个单元4个年龄组的差异。如果选择初级抽样单元（PSUs）的工作程序，样本分析则按照附件2（示例Ⅱ.a选项1）进行。只要有可靠的流行病学单元列表，可采用简单随机抽样法选择流行病学单元列表，如果采用PSUs，样本分析则按照附件2（示例Ⅱ.a选项2）进行。

④每个单元的每个年龄组动物采用简单随机抽样法或系统随机抽样法进行选择，并按照预先制定的程序采血（免疫时间及每个采样时间点）。

⑤样本分析：测定具有可检出水平的同源疫苗株结构蛋白和非结构蛋白的动物比例。此外，建议测定抗田间流行病毒的抗体效价，确定其可以保护动物免受流行毒株的攻击。

⑥测定结构蛋白抗体平均效价。

⑦计算每个年龄组动物结构蛋白抗体水平和置信区间，如果流行病学单元列表是按照大小比例概率选择的，可选择使用公式13、14和15（见附件2）。如果采用简单随机抽样法选择单元，可使用公式14、16和17（见附件2）。如果使用该程序，最小免疫动物为6月龄，每6个月免疫1次。6月龄及以下年龄组动物将有助于总体免疫评估，并可能有助于评估是否存在母源抗体及被动免疫对群体免疫的影响。

假设是定期免疫，样本数量的比例则有所不同（60%～90%），结构蛋白抗体阳性率随年龄的增长而增加，还应注意此时初级抽样单元应大于25个，以符合无偏参数估计的统计理论[13]。

按照附件2所述程序，以上数字可以更改。例如，如果要求更精确，允许误差可以降低到 5% 以下，这样应增加样本量，其主要取决于国家用于该调查的可用资源。

流行病学单元列表选择的方式（大小比例概率或简单随机抽样法程序）将影响评估阳性动物比例和其置信区间的方式（详见附件 2）。

3.5.2 在群体水平监测免疫后的群体免疫

在以降低临床发病率为免疫目标的国家（疫病流行阶段 I，一般处于口蹄疫渐进控制路线图第二阶段），不推荐使用本方法，因为相当一部分动物已接触田间病毒而产生免疫。

然而，血清抗体阳性主要（而不是全部）由疫苗免疫引起，可在群体水平上评估免疫效果。该方法适用致力于实施第 2.2 节中免疫计划目标（2）根除口蹄疫的国家（处于口蹄疫渐进控制路线图第三阶段及以上的国家），以及第 2.2 节中免疫计划目标（3）和（4）的国家。

为了估计免疫不充分的流行病学单元（NAVEU）的比例（详见附件 2 示例Ⅲ），当一定比例的动物达到特定抗体水平时，则被流行病学单元定义为"充分免疫"。

为了估计每一个采样的流行病学单元的样本数量，有必要确定一个比例，如果低于这个比例，则认为该流行病学单元未得到保护。预期 NAVEU 的比例，建议值为 20%，标准差为 10%，置信度为 95%；将单个流行病学单元目标阈值定义为 NAVEU，指特定抗体效价的动物比例 6～12 月龄组低于 60%、12～24 月龄组低于 70%。检测到抗体水平等于或大于特定水平的动物数量为 0 的概率小于等于 0.05（在每个年龄组）。

根据上述目标值，应选择 62 个流行病学单元，每个单元选择 3 头 6～12 月龄动物。将样本量增加到 70 个流行病学单元，可弥补发生田间感染造成样本分析存在误差的问题。通过简单随机抽样法选择流行病学单元数量，每个选定的流行病学单元，通过简单随机抽样法或系统随机抽样选择动物。根据已制定的程序采集血样（接种时和/或任何时间点）。

分析样本：检测同源毒株结构蛋白抗体，此外也建议检测田间流行毒株结构蛋白抗体，以确定是否有保护性，检测是否有非结构蛋白抗体（排除任何检测可能有感染的流行病学单元）。如果6～12月龄动物中3个样本或12～24月龄动物中2个样本结构蛋白抗体为阴性，则该流行病学单元为免疫不充分的NAVEU。

计算NAVEU比例和置信区间，使用附件2中的公式3和公式4。

必须进一步强调，采样仅限于适宜免疫年龄组，NAVEU分类是根据选定年龄组群的单个群的结果确定的。因此，该方法得出的信息不代表畜群内的整体保护水平。

上述举例中被评估的样本大小，可根据当地条件及可以获得最佳信息的年龄组而进行改变和调整。该方法的优点比第3.5.1节要求的样本数量少，而且设计和分析也更加简单。

3.6 免疫后评估要点

免疫后评估要点包括：获得疫苗效力证据，如果可能，从疫苗生产商的效力和批次检验中获得免疫后血清；综合考虑动物免疫应答、检验方法重复性，以及疫苗毒株、流行毒株、检验用毒株抗原特性变化等因素，确定血清学临界值即阈值；购买疫苗前，首先在本地开展小批量动物免疫研究，在实施免疫预防时，再在田间对一群动物进行免疫研究；评估局部和总体群体免疫水平，确定免疫预防实施的合理性，以及是否达到预期的保护效果。

4 免疫和其他控制措施的效果评估

4.1 本章引言

如第 3 章所述，免疫血清学证据不能直接证明实施免疫计划的目的（即控制口蹄疫）已达到，因此监测口蹄疫暴发和/或感染很重要。然而，口蹄疫感染往往在一波流行中呈间歇性发生，实施免疫预防过程中未遇见一次口蹄疫暴发，并不证明免疫预防有效。因此，需要同时评估免疫与暴发和/或感染。

在多数情况下，免疫计划是整个方案的重要措施之一，因此很难将免疫与其他控制措施的效果分开评价。

为防止病毒入侵和疫情二次暴发，一般采用典型的应对措施包括动物移动控制、动物卫生措施和扑杀等（图 4-1），而疫苗免疫既可以作为一种应急措施（紧急免疫），又可以作为一种预防措施，以减轻口蹄疫病毒入侵时对免疫区农业系统的影响。因此，口蹄疫控制计划有效性评估是免疫预防（如果使用）和其他措施相结合的综合评估。

图 4-1 口蹄疫控制措施

4.2 疫苗效力和有效性

疫苗效力是衡量疫苗免疫动物未发生疫病，无病毒复制、病毒释放或病毒传播等不良后果的一种检验方法。如检验方法在可控条件下操作，则能很好地把控免疫和攻毒感染的基本特性。《OIE陆生动物诊断试验与疫苗手册》中的牛口蹄疫疫苗效力检验，按照规定进行免疫和攻毒程序检验，判定结果是舌面接种病毒、蹄部出现水泡性病变[44]，检验结果代表疫苗的质量。

除上述方法外，疫苗效力检验也可通过随机对照试验在受控田间条件下进行。在此情况下，疫苗有效性指接种疫苗群体与安慰剂对照群体相比，疫病发生或感染的减少量。

有时疫苗效力与疫苗有效性易混淆，疫苗效力是衡量免疫计划在田间对动物保护力的一项指标[26]。疫苗有效性是免于不良反应（通常是疫病或感染）的一种措施，基于同一种群中接种疫苗和未接种疫苗动物的不良反应发生率之间的比较。它不仅取决于生产商提供疫苗的初始（内在）质量，而且取决于外在因素如疫苗储存和分发、疫苗匹配性、免疫时间，还间接取决于免疫覆盖率。

有时疫苗效力和有效性被错误地交替使用，其中原因可能是两者都可以用相同的公式来评估，即

$$VE = (R_U - R_V) / R_U \qquad \text{（式 4-1）}$$

式 4-1 中：VE 是疫苗有效性，R_U 是未接种疫苗种群的发病风险或发病率，R_V 是接种疫苗种群的发病率。

鉴于评估方法有所不同，尽管这两个概念相关，但也应该视为不同。通过随机对照试验来评估疫苗效力，疫苗有效性则通过

标准方案的田间观察研究或田间试验来评估。

为了避免混淆效力和有效性，式 4-1 重新表述为

$$VE = 1 - (R_V/R_U) \qquad （式 4-2）$$

式 4-2 中：VE 通常以百分比的形式给出。

口蹄疫渐进控制路线图第二和第三阶段是在疫病或感染仍然存在的情况下采取控制措施的阶段。在第二阶段，接种疫苗可能是唯一的措施，一个国家很难找到方法达到无口蹄疫状态，可能希望平衡疫病经济成本和免疫成本；然而一旦进入第三阶段，就意味着已做出无口蹄疫的决定，并将采取更积极的政策提出消灭口蹄疫的明确目标。

当各国处于口蹄疫渐进控制路线图第二或第三阶段时（预计仍会发生口蹄疫暴发），应检验疫苗有效性，以确保田间使用的疫苗能够提供预期保护。

4.3　免疫动物疫病暴发的调查

对免疫动物（应有预期保护的）发生的疫情进行彻底调查，是免疫效果评估的一个重要方面。采用第 2 章和第 3 章所述的监测方案进行调查，以确定疫情暴发是否有特定的局部原因，还是免疫计划存在问题，包括从最初的疫苗质量和适用性，以及疫苗储存、运输和接种、免疫覆盖率、诱导免疫力和攻毒特性都可能存在问题；感染加重、接种后间隔时间过长或抗原表型变化都可能是无法避免的原因，如图 4-2 所示。

鉴于免疫保护的产生需要时间，获得免疫力后会逐渐减弱，因此与免疫相关的疫病暴发，时间是一个关键的考虑因素。图 4-3 显示了此项调查决策流程图。附件 4 依据回顾性疫情调查的经验[27]，给出了利用疫情调查收集数据的具体方法。

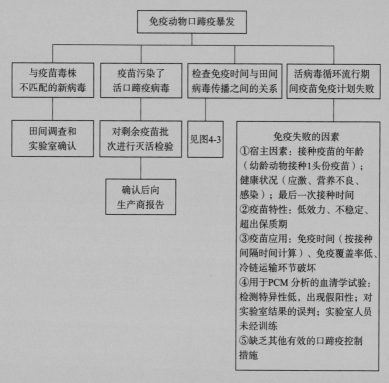

图 4-2   疫病暴发调查：考虑因素和免疫失败的因素

4.4   口蹄疫控制计划的有效性

如前所述，根据国家或地区状况，设计和实施口蹄疫控制计划（可能包括免疫）一开始就应有明确目的。第 3 章用于确定评估免疫力目标值的分类，也用于制定控制计划的战略目标。控制计划的战略目标和成功指标总结如表 4-1所示。

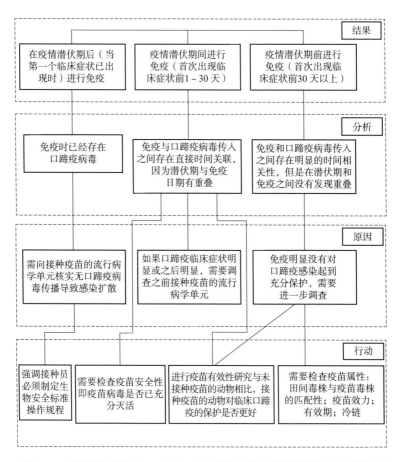

图 4-3 疫病暴发的调查：确定免疫的时间和疫病暴发潜伏期之间的关系

表 4-1 控制计划的战略目标和成功指标

类别	控制计划的战略目标	实施初期的状态			预期结果	证明成功的标准	评论
		病毒循环	OIE 状态	口蹄疫渐进控制路线图阶段			
A	减少临床口蹄疫发病率	发生（指疫病的发生或暴发）	有口蹄疫	通常为第二阶段	发病率降低	发病率降低到可接受水平（由利益相关者设定）	疫病在控制前处于未知状态，设定一个可接受的疫病水平
B	清除口蹄疫病毒循环	发生（可能或不可能报告会发生的疫病）或不会发生暴发	有口蹄疫	通常为第三阶段	病毒循环降低	口蹄疫病毒传播降至零或降低于可接受水平（由利益相关者设定）	疫病在控制前处于未知状态，设定一个可接受的疫病水平
C	保持免疫无疫状态	无 OIE 未提及的疫病发生证据	免疫无口蹄疫	典型的第四和第五阶段	足够证据支持处于无疫状态，没有检测到病毒	符合《OIE 陆生动物卫生法典》维持有关状态要求	口蹄疫入侵对免疫区的影响比无疫疫区的影响小
D	入侵后重获无疫状态（紧急免疫）	正在发生（因入侵无口蹄疫国家或地区而导致暴发）	暂停免疫无口蹄疫状态	假设国家处于第四或第五阶段	足够证据支持不存在病毒循环传播	符合《OIE 陆生动物卫生法典》维持状态的要求（贸易伙伴）	口蹄疫入侵对免疫区的影响比无疫疫区的影响小

4.5　评估指标确定

评估是一项管理过程，通过性能指标证明免疫计划期间或之后取得的预期结果。设计一套评估系统，需要从以下一个或多个方面确定二级预防措施的成功指标：减少疫病或病毒传播的预期程度；低于可接受的疫病发病率则认为计划成功；没有疫病或病毒传播。这些性能指标，通常在控制计划实施前与公共和私营部门利益相关者协商确定。设定可实现的目标很重要，这些目标应确保得到利益相关者的持续支持。

4.6　实施初期的状况

如上所述，口蹄疫免疫的目标可以是减少临床疫病或消除口蹄疫病毒感染或恢复无口蹄疫状态。显然，对于每一个战略目标，都要有一个明确且确定的结果，而且是可以实现的目标。

为了明确起见，在实施控制计划前积累基础信息、计划实施人和/或评估人评估初始规划目标是否明确显得非常重要。根据国际标准，本指南使用的口蹄疫病例、感染和传播等定义符合《OIE 陆生动物卫生法典》（2013 年版）的规定。

方框 1	口蹄疫病例（《OIE 陆生动物卫生法典》，第 8.6.1 章）

口蹄疫病例指动物感染了口蹄疫病毒的一头动物。

方框 2	口蹄疫病毒感染（《OIE 陆生动物卫生法典》，第 8.6.1 章）

1. 从动物或其产品中分离并鉴定出口蹄疫病毒。

2. 从一头或多头动物样本中鉴定出一个或多个口蹄疫血清型病毒抗原或病毒核糖核酸（RNA），无论其是否表现口蹄疫临床症状，或在流行病学上与已确诊或疑似的口蹄疫暴发有关联，或怀疑与之前口蹄疫可疑病例有关联或接触过口蹄疫病毒。

3. 排除疫苗免疫外，从一例或多例出现口蹄疫临床症状的动物，与确诊病例在流行病学上有联系的动物血清中检测到口蹄疫结构蛋白或非结构蛋白抗体。

（续）

方框 3	口蹄疫病毒循环（《OIE 陆生动物卫生法典》，第 8.6.42 章）
病毒循环指经临床症状、血清学检测或病毒分离证明口蹄疫病毒传播。	

4.7 预期结果

如表 4-1 所示的《OIE 陆生动物卫生法典》中 A 至 D 所列控制计划的预期结果按以下一项或多项定义：减少发病或口蹄疫病毒感染的发生率；发病或口蹄疫病毒感染的发生率低于规定的目标值；无发病或无口蹄疫病毒感染的发生。

评估免疫控制方案的通用方法是应用广泛的流行病学田间观察研究，但本指南未涉及该方法，如何设计可在许多流行病学教科书中找到。

附　　件

附件 1　免疫覆盖率监测

1. 简介

为阻止口蹄疫病毒在畜群内传播，免疫覆盖率必须达到一定标准。它取决于处于感染期的一个病例在未感染的畜群中平均产生的病例数（即基本感染率，R_0）。R_0 值取决于畜群内动物接触的特性，如大量高度易感动物规律性接触，则 R_0 值最大。高度易感的圈养牛群，R_0 值可能远远大于 10[42]。口蹄疫病毒畜群间传播感染也取决于距离和接触范围等，但通常传播效率较低，导致在疫情暴发时畜群间 R_0 值被低估（英国和秘鲁的 R_0 值在 2～5 范围内）[12,18,23]。但是有报道称，在条件有利于极速传播的地方，R_0 值较高[18]。

畜群内，口蹄疫控制目标通常指免疫覆盖率达到 80%[4]。其中，计算免疫覆盖率公式的分母是畜群内易感动物的总数，即符合疫苗接种条件和不符合疫苗接种条件的易感动物之和。达到这一目标后，免疫动物的传染率（Rv）可以降到 5，甚至 1 以下，进而阻止口蹄疫病毒在免疫动物间的传播；通常需非常明确 80% 代表的含义。

然而，在许多情况下，免疫并不能完全阻断传播。如果假定实现上述目标的概率为 75%，那么在覆盖率为 80% 的情况下，只有当 R_0 小于 2.5 时，疫情才能得到控制，如附表 1-1 所示。

附表 1-1 畜群传播率与阻止病毒传播所需免疫覆盖率
之间的关系（$f \cdot h = 1 - 1/R_0$）

初始传播率（R_0）	应接种疫苗的动物比例（f），假定免疫100％有效（h）	应接种疫苗的动物比例（f），假定免疫75％有效（h）
2.5	60％	80％
4	75％	100％
5	80％	不可能
6.7	85％	不可能
10	90％	不可能
20	95％	不可能

注：不可能表示即使给所有畜群接种疫苗也无法消除感染。

在群体水平，应尽可能提高畜群疫苗接种率（＞80％），但很难达到100％有效。尽管如此，采取有效的生物安全措施可减少各畜群间的接触（R_0值也因此降低），从而减少对无法获得疫苗保护的依赖。相反，如果生物安全措施不理想，采取有效的疫苗保护措施往往也会达到阻止病毒传播的效果。

应当指出，如果监测区域覆盖率，则该区域内会有覆盖率高的地区，也会有覆盖率低的地区。特别是覆盖率低的区域，通常是很难进入或其农民不愿为其牲畜接种疫苗的地区。因此，从区域总体来看，覆盖率可以控制病毒传播，但区域内低覆盖率的"岛屿"区，一直作为病毒储存器进而造成病毒持续传播。

同样重要的是，并不是所有接种疫苗的动物都会产生保护性的免疫反应。例如，如果免疫覆盖率为0.9，特异性抗体水平达到保护的动物比例为0.95，则具有保护性水平的特异性抗体的动物总比例为0.90×0.95＝0.855，即85.5％。此外，免疫应答可能是由感染而不是疫苗免疫引起，或者应答的是前期多次免疫的结果，而不是本次疫苗免疫所产生的结果。幼畜也可以通过初乳中的母源抗体获得免疫保护。

第 2 章介绍了免疫覆盖率及其估算方法。无论采用何种方法，要对免疫覆盖率进行可靠的估算，就必须知道需要免疫接种的目标畜群。这些信息在估算疫苗接种方案可覆盖动物的比例，以及规划疫苗需求时均是必不可少的。

估算免疫覆盖率需要收集数据和开展评估活动，以便比较实际计划中商定的目标与实际实现的目标。免疫计划评估应包括正确使用记录工具，以便在实施免疫活动期间方便地检索数据。

监测和评估免疫接种覆盖率的方法基于以下假设：①通过当地的分发运输中心向接种者分发疫苗（沿疫苗分发中心向外围分发）；②未对动物逐一进行标识；③这是计划免疫的一部分（假定免疫频次每 6 个月一次）；④预计免疫时间表，每个农场或家庭在每次接种活动中都要进行两次访视（第一次为所有符合条件的动物接种疫苗，第二次作为第一剂的后续剂量为幼龄动物加强免疫）。若有例外需记录在免疫卡上。

2. 记录工具

（1）免疫卡

免疫卡包含了该动物个体的全部相关信息及群体水平的免疫历史。以下示例是一个简单的免疫卡。

免疫卡分为三个部分，分两步填写完整。第一部分根据免疫计划和活动安排，应在第一次访问动物养殖人员时填写，本示例中假定为每 6 个月一次。第二部分和第三部分必须在第二次访问时进行免疫注射期间及其后加强免疫时完成，通常在第一次接种后 30 天。

所有填写表格所需的数据必须精确，这对报告至关重要。

第 1 栏为免疫访视日期，第 2 栏为操作人员即接种人员的全名。

第3栏为一组编号或代码，免疫活动唯一标识（如秋_2014 或1_2014）。

第4栏为访视当时特定年龄组的动物数量。注意：如果当时动物不在现场，如外出放牧未能接种疫苗，应在现场动物数量中标明。

第5栏为实际注射疫苗的动物数量。以免疫卡为例，不足6个月即6个月及以下的年龄组不适合接种疫苗，因此相应的单元格用阴影表示，表示不必填写。注意：6～12月龄组的动物（应该在30天后加强免疫一次）目前也在免疫卡的表2中报告即第12栏。

第6栏为未接种疫苗的动物数量。动物可能因为不符合接种条件如不足6个月或其他原因而未接种疫苗，应在第9栏中说明。注意：未接种疫苗的动物应在免疫卡的表3中即第15栏记录。

第7栏和第8栏分别表示疫苗瓶注明的批号和疫苗的有效日期。

第9栏说明一个或多个动物虽然符合条件但未接种疫苗的原因。患病动物或难以保定的动物可能在第一次访视时没有接种疫苗。

第10栏为第二次访视的日期，第11栏为操作人员即接种人员的全名。

第12栏指在第一次访视时接种了第一剂疫苗，并在第二次访视时应该加强免疫的动物数量。显示数字应与免疫卡的表1所示相同（6～12月龄，接种数量）。

第13栏为第二次访视时现场动物数量及应该加强免疫的动物数量。

第14栏为第13栏动物中实际接种免疫的数量。

第 15 栏为上次访视未接种疫苗的动物数量，该数量应与第 6 栏数字相同。

第 16 栏为实际在场的动物数量（不包括第 15 栏所记录的动物）。

第 17 栏为第二次访视期间接种疫苗的动物数量（第 9 栏未接种的动物）。

第 18 栏为记录人员填写认为需要添加的注释。

免 疫 卡

畜主：..

地址：..

村：................. 区：................. 省：.................

第一部分（在为期 6 个月的免疫期间填表 1）

(1) 免疫访视日期：   /   /

(2) 接种人员：................................

(3) 免疫活动编号：................................

表 1　畜群统计资料及接种和未接种的动物数量

年龄组	品种 A			品种 B			品种 C		
	(4) 现场数量	(5) 接种数量	(6) 未接种数量	现场数量	接种数量	未接种数量	现场数量	接种数量	未接种数量
＜6 月龄									
6～12 月龄									
12～24 月龄									
＞24 月龄									

注：6～12 月龄段需在接种后 1 个月加强免疫一次，并且应在接下来表 2 的第 2 栏填写数量。

（7）疫苗批号：……………………　（注：如果使用超过 1 个批次疫苗，请填写其他批次批号及有效期 ……………………………………）

（8）有效日期：…… / …… / ……

（9）如果在任何年龄组（除了＜6 月龄组）有未接种疫苗动物，请根据原因选择以下对应项（可多选）：

☐动物生病　　　☐动物具有攻击性且难以保定

☐其他原因（请具体描述）……………………………

第二部分（在前次免疫后 1 个月加强免疫时填写表 2）

（10）免疫访视日期：…… / …… / ……

（11）接种人员：…… / …… / ……

表 2　动物加强免疫表

品　　种	（12）前次免疫后应加强免疫的动物数（数目同表）	（13）当前符合加强免疫要求的动物数	（14）实际加强免疫的动物数
品种 A 6～12 月龄			
品种 B 6～12 月龄			
品种 C 6～12 月龄			

第三部分（在第一部分接种 1 个月后及动物免疫逃避接种时填写表 3）

表 3　前次免疫逃避的动物免疫

年龄组	品种 A		品种 B		品种 C	
	（15）前次免疫剩余未接种动物数	（16）现存的前次免疫剩余未接种动物数 （17）免疫数	前次免疫剩余未接种动物数	现存的前次免疫剩余未接种动物数 免疫数	前次免疫剩余未接种动物数	现存的前次免疫剩余未接种动物数 免疫数
6～12 月龄						
12～24 月龄						
＞24 月龄						

　　（7）疫苗批号：..................　（注：如果使用超过 1 个批次疫苗，请填写其他批次疫苗批号及有效期..................）

　　（8）有效日期：.../.../...

　　（18）注释：..................................

　　免疫卡需要复印两份，一份留给畜主，另一份交给当地的运输中心。未完成的卡片（因为还没进行第二次访视）将归档在单独的文件中，一旦加强免疫将与已完成的卡片一起归档。免疫卡中包含的数据也可以存储在电子工作表中，这将大大简化数据检索和分析的流程。

　　该方法（根据使用的假设）有两个主要缺点：一是必须具有识别应加强免疫动物的方法（如可重复用项圈等）；二是在两次访视期间可能会有新生动物或新的动物引入畜群。在上次访视时没有计算在内的动物，无论是否接种疫苗，都应填写一张新的免疫卡。

　　使用免疫卡进行监测和评估

　　免疫覆盖率可以用免疫接种完成的动物数与应免疫动物数或全部易感动物数之比即免疫百分合格率来表示。在实施免疫计划的过程中，任何一个阶段都可以设立适当的指标来监测免疫进展，设立指标比较容易，指标完成可靠性依赖于免疫卡上记录数据的质量。

　　以下指标可以根据免疫卡记录的信息来确定。

　　总体免疫覆盖率（OVC）：即免疫接种计划实施以来任何特定时间段内总体免疫覆盖率（按动物种类分类），等于免疫接种动物数量/计划实施时预估动物数量。该指标的分子是自免疫活动开始以来，免疫卡第 5 栏和第 17 栏填写的数量总和，分母是开始时预估的动物总数。如果这个数字是全部免疫合格动物总数，OVC 则表示为应免动物免疫覆盖率，或 OVC 的分母为目标群中全部易感动物，那么 OVC 则为整个动物群的免疫覆盖率。

农场内免疫覆盖率（OCW）：指农场任何时间内的接种覆盖率（按动物种类和年龄组分类），等于接种疫苗的动物数量/在现场的动物数量。该指标的分子是第 5 栏和第 17 栏动物数量的总和，分母是第 4 栏的数量总和。如果在免疫活动结束时估算这一指标，则表示为整个动物群体免疫覆盖率，这一结果可以与预估的覆盖率进行比较。

加强免疫动物数（ORD）：是 6～12 月龄组中进行了加强免疫的动物比例。相反，1－ORD 则为未接受加强免疫的动物比例。该指标以第 14 栏总和作为分子（仅适用于 6～12 月龄组），第 5 栏总和作为分母。

上述指标可与免疫活动规划阶段预先制定的指标进行比较。

例如：如果免疫活动开始后 2 个月内结束，那么 OVC 可能提示该目标是否在规定时间内实现。同样，如果目标是确保每个农场至少 80％动物接种疫苗，那么 OCW 将提供实现这一目标的有关信息。以下是各指标及其意义和评价的汇总：第一，免疫计划实施前，明确免疫接种动物的数量，对于免疫计划是否成功至关重要，且应注意 OVC 的分母指的是符合免疫条件的应免动物还是整群的全部动物。第二，实际在场的动物数量还包括那些不符合接种年龄的动物。免疫活动结束时，实际在场的符合免疫条件和不符合免疫条件的动物数量可能与最初估计的数量有所不同，但有助于下一次免疫计划活动的实施。

（2）批次和头份数登记簿

每个当地运输中心（指疫苗派发中心——译者注）应负责正

确管理所收到的疫苗。除了确保适当的储存条件外，该运输中心也应作为向免疫人员发放疫苗的活动场所。接收的疫苗数量和最终分配给用户的疫苗数量应登记管理，登记簿上有疫苗进货、出货记录。每收到一批疫苗都应单独登记。附表1-2是设置批次和头份登记簿的示例。

登记簿中进货部分包括以下信息：批号/代码、接收日期、总头份数、失效日期。

出货部分应分行记录。如果将疫苗交付给接种员进行免疫时，将创建新的一行进行记录。出货需要录入以下信息：可用头份数、免疫员姓名、分发日期、分发的总头份数、返回未使用的总头份数、未用完返回的日期、注释。

每一新行中，可用头份数是前一行（对应生成的第一行，可用头份数等于第1部分中所示的牲畜总头份数）－（可用头份数－分发头份数）的结果。即完成流水账目。

批次和头份数登记簿可建立电子工作表格。

附表 1-2　批次和头份数登记簿

登记簿（第 1 部分疫苗进货）

批号/代码	接收日期	总头份数	失效日期

登记簿（第 2 部分疫苗出货）

可用头份数	免疫员姓名	分发日期	分发的总头份数	返回未使用的总头份数	未用完返回的日期	注释

使用批次和头份数登记簿进行监测和评价

与通过疫苗接种卡估算疫苗覆盖率的方法类似，可以利用批次和头份数登记簿中的数据制定指标，以监测疫苗分配系统的绩效和免疫接种活动的进展。

以下是根据登记簿记录信息制定的指标：

批发给免疫人员的比例（RCV）：即免疫活动开始至结束，批发给免疫人员的累积总比例（每批）＝分发头份数/初始装载头份数。

每月（或一定间隔）分发给免疫人员的比例（RMV）：即每批疫苗每月（或一定间隔）分发给免疫人员的比例＝监测结束时实际分发的头份数/监测期开始时的可以用于分发的头份数。

使用率（RUV）：即每批疫苗在确定的时间间隔累积使用率＝在间隔期内分发的头份数－在间隔期退回的头份数/在间隔期分发的头份数，该指标也可用于估算损耗百分比，损耗百分比＝1－RUV。

上述指标可与临床规划阶段制定的目标进行比较。例如，如果目标使用量是入库量的 95％，那么对比 RUV 就可以确定是否实现了该目标。

（3）监测免疫计划

附表 1-3 总结了上述指标的使用情况，以及免疫接种活动实施相关的内容。

附表 1-3　免疫指标

指标	内涵
活动开始后特定时间内的整体免疫覆盖率	①OVC 表示免疫是否按预期时间进行。例如，如果目标是在 2 个月后结束，那么预计在 1 个月后 OVC 应约为 50％。②根据用于估计 OVC 的分母，可以了解符合条件的动物是否按计划接种了疫苗，或整个群体的免疫覆盖率。

附　　件

（续）

指　标	内　涵
活动开始后特定时间内的整体免疫覆盖率	③将 OVC 与第 3.4 节中提出的研究相结合，可有助于了解群体水平的预期免疫水平。 ④OVC 值低并不一定表明活动进展缓慢，这个指标的分母实际上是活动开始时的估计群体，如果这个数字被高估，将产生错误的低 OVC 值；如果动物数量被低估，结果将会相反。
OCW（%）农场在任何时间点的免疫覆盖率	①这一比例取决于接种疫苗的群体结构。如果有很大一部分动物由于年龄原因不适合接种疫苗，这会影响 OCW。OCW 在 80%左右可能表明，在群体结构中，平均（在任何时间点）约有 20%的动物处于不适合接种疫苗的年龄。 ②如果该值一直低于 70%，则可能需要审查免疫计划，并可能降低动物首次接种疫苗的年龄。 ③在免疫结束时估计的 OCW 的分母可以与免疫开始前估计的动物总数进行比较，以评估估计的数量与实际发生的数量之差。注意：免疫结束时（理论上所有的畜群都进行了访视）的 OCW 的分母可以提供关于群体结构的信息，并可用于计划下一次免疫所需的头份数。
ORD（%）在任何特定时间点接受加强免疫的动物总比例	ORD 是 6~12 月龄组中实施加强免疫动物的比例。分母是所有已经接受过至少一次免疫接种的动物，因此较低的值可能表明在第一次访视中发现的动物和接种过疫苗的动物在下次访视中很难找到。合理的 ORD 值为 90%，超过 100%表明免疫人员在填写表格时存在一些问题（ORD 不能高于 100%）。退出率为 1−ORD（如果使用百分比，则为 100%−ORD）。
RCV（%）免疫人员的疫苗交付率	RCV 表示免疫结束时交付的头份数与免疫开始前的头份数的百分比。这一百分比越接近 100%，对免疫所需头份的估计就越可靠，RCV 值过低可能表明对所需头份的估计不正确，或者交付给免疫人员的接种量不足（尽管免疫本应结束）。
RMV（%）疫苗免疫人员的每月交付率	RMV 与 RCV 类似，主要的区别在于 RMV 是针对特定的间隔估计的。由于每次间隔的头份数是恒定的，因此在活动执行期间 RMV 应不断增加。

（续）

指　标	内　涵
RUV（%）累积使用率	RUV 表示在免疫实施期间任意选定间隔时间内疫苗的使用率。RUV 值接近 100% 表明，在交付给免疫人员的疫苗基本上都用于免疫动物，RUV 也可以用于损耗率的计算，1－RUV 即免疫人员已退回且不能再使用疫苗所占比例。损耗率较高，可能是每瓶疫苗的头份数过多，与单个农场或家庭免疫接种动物数量不匹配，每瓶疫苗使用不完而造成的损耗。

附件 2　设计田间群体免疫调查的统计方法

1. 引言

本附件旨在提供指南中不同研究设计所使用统计方法的基础知识。其中一些建议方法将同样适用，并在适当的设计中提及这些方法。

为方便理解，将以示例进行解释。设计调查时，应考虑两个重要方面：一是选择过程，以决定哪些目标数据被纳入样本；二是计算过程，对样本进行统计计算（即计算方法）[2,10,25]。二者密切相关，样本选择将影响估计的计算方式。这样就出现了参数（指整个群体的特性）与估算（参数计算）的概念，将通过抽样来解决。

群体参数的估算易受到不能完全消除的随机误差的影响，最好用适当的选择程序和样本大小来控制不可避免的误差。

常用置信区间（均值的标准误差）表示估算值，该置信区间表示参数的真实值和未知值可能处于的范围（处于特定的概率水平上）。标准误差的范围越窄，对基本参数的估计就越精确。标准误差的范围主要受样本量和研究设计这两因素的影响。

设计抽样调查必须要考虑初始状态。例如，如果要估算畜群非结构蛋白阳性动物的比例，为了计算抽样样本量的大小，则必须判断初始的阳性比例。不熟悉设计调查的人有时对此有争议，他们经常说："为什么要我们猜？这不是我们要调查的吗？"从统计角度看，初始假设对于估计样本容量很有必要。

综上所述，设计抽样调查及计算样本量所需的元素包括：

预期流行率：预期出现的疾病（即发病率）水平是多少，这可能再次令人困惑，因为目标是衡量疫病流行程度，但又要采用已有的研究数据和信息来进行预期流行率的估算。必须记住，样本量随着预期流行率从 1％上升到 50％而增加，然后随着预期流行率 51％下降到 100％而再次减少。

预期流行率允许误差范围：如果允许误差范围大于 10％，而不是 5％，研究准确性会降低，所需样本量会减少。通常，10％～90％预期流行率适于 5％误差范围，1％～10％或 90％～100％预期流行率适于 2％误差范围。

置信度：通常预期发病率的研究采用 95％置信度，而证明无疾病的研究需采用较高置信度（99％）。

2. 方法Ⅰ：利用简单随机抽样法估算免疫比例

第 3 章中第 3.4 节已举例描述此法，详细信息如下：

目的：估算首免后特异性抗体水平达到保护的动物的比例。

目标群体：6～12 月龄未感染动物，待接种口蹄疫疫苗。

关注单元：动物个体。

可测量的反应：疫苗株的结构蛋白抗体及非结构蛋白抗体。如果已知保护阈值，则动物结构蛋白抗体效价高于该阈值，动物得到充分保护；如果动物结构蛋白抗体效价低于该阈值，则为未得到充分保护。

抽样时间：应在免疫时（$t0$）和免疫后 28、56 和 168 天（分别为 $t1$、$t2$、$t3$）采样。不仅能够评估疫苗诱导的免疫反应和持续期，也可以判断田间试验之前或过程中是否有流行病毒感染的风险。

方法和意义：鉴于旨在评估疫苗诱导产生的免疫反应，因此区分疫苗免疫抗体和田间感染病毒产生抗体很有必要。在每个间隔期检测血清中的非结构蛋白抗体，可以区分感染与免疫。如果未检测到非结构蛋白抗体，表明未感染。当该地区病毒传播发病率非常低或为零时，非结构蛋白抗体阳性，则表示疫苗中含有非结构蛋白，疫苗纯度不高，所以可通过检测非结构蛋白抗体检验疫苗的纯度（即检测免疫动物特异性非结构蛋白抗体）。依据方案在不同时间间隔抽样，应提前做好抽样计划，并对动物进行单独标识即打耳标。

研究设计：简单随机抽样设计（许多基础统计教科书已明确简单随机抽样法设计中选择程序的详细信息，此处不再详述）要求提供目标群体的单个动物列表，然后从列表中随机选择所需的个体数量。列表通常无法提前提供，特别是在发展中国家，因此不可能严格遵守简单随机抽样法程序。

解决上述问题的实用方法：免疫开始前，初步选择 10～15 个流行病学单元（10～15 个仅具象征性，通常流行病学单元数量应 2 倍于估计样本量的合格动物数量）。选择流行病学单元应基于对过去口蹄疫暴发的了解，以确保采样动物未感染田间病毒。流行病学单元选定后，应访视并统计全部符合标准的动物。如果访视时动物单独打耳标，则可创建表格，然后根据简单随机抽样法或系统随机取样法，从该列表中选择动物。实际上，该方法可视为简单随机抽样法的代理模式。

样本量：估计样本量既涉及非统计学因素，又涉及统计学因素。非统计学因素包括抽样框架、资源、人力和设施。下面列出统计学因素：

估计简单随机抽样法设计的样本量，使用公式为

$$n = \frac{1.96^2 p(1-p)}{e^2} \qquad \text{(式 1)}$$

如引言所述，估计样本量需要判断具有预期抗体水平的动物比例、允许误差，以及调查员出具结论的置信度。

根据第 3.4 节标准：①预期比例为 85%，即公式 1 中的 p。②绝对误差（允许误差或要求精确度，即公式 1 中的 e）为 10%，表示预期比例实际为 85%，预计估值为 75%～95%。③选择置信水平 95%，表示调研者期望 95% 置信度，估值比例为 85%，介于 75%～95%；1.96 是 95% 置信水平的正常标准偏差，如果调查员希望 90% 或 99% 的置信度，则 1.96 应分别替换为 1.64 或 2.58。

公式 1 估计无限群体的样本量，但如果符合抽样条件的总体已知，则可通过公式 2 估计有限群体调整样本量：

$$n_i = \frac{1}{1/n + 1/N} \qquad \text{(式 2)}$$

式 2 中：n 为无限群体的估计样本量，N 为符合抽样条件的动物总数。如果按照建议的设计来采集样本，最好不使用校正因子，因为引入校正因子会导致样本量变小。

根据第 3.5.1 节的目的，应用公式 1，得

$$n = \frac{1.96^2 \times 0.85 \times (1-0.85)}{0.1^2} \approx 49$$

对于有限群体，计算样本量时未校正。

用户可以根据流行率的不同假设尝试不同输入值。

附表 2-1 显示采用简单随机抽样法设计时不同情况所需的样本量，假设诊断试验敏感性和特异性均为 100%。

估计比例和置信区间：实验室检验结果可估计出流行率及其 95% 置信区间。简单随机抽样法设计可估计每一时间段内抗体效价等于或高于某一特定水平的动物比例：

$$p=\frac{a}{n} \qquad (式3)$$

式3中：a 为抗体效价等于或高于设定阈值的动物数量，n 为样本中的动物数量即样本量。

附表 2-1　所需的样本数

预期比例	允许误差	置信度（%）	所要求的样本份数
5（95）	2	90*	322
		95	457
	5	90	52
		95	73
10（90）	2	90	609
		95	865
	5	90	98
		95	139
20（80）	5	90	174
		95	246
	10	90	44
		95	62
40（60）	5	90	260
		95	369
	10	90	65
		95	93
50（50）	5	90	271
		95	385
	10	90	68
		95	97

注：＊90%置信度，标准差为1.64。

估计比例95%置信区间（CI）为

$$95\%CI=p\pm1.96SE \qquad (式4)$$

其中标准误差（SE）为

$$SE(p) = \sqrt{\frac{p(1-p)}{n-1}} \qquad (式5)$$

把公式 5 代入公式 4，得到 95%CI：

$$95\%CI = p \pm 1.96 \times \sqrt{\frac{p(1-p)}{n-1}} \qquad (式6)$$

假设 49 只免疫动物中有 43 只在免疫后第 30 天达到抗体可检测水平，即 $a=43$、$n=49$，那么

$$p = \frac{43}{49} = 0.877 \ (87.7\%)$$

如果按照建议的设计来采集样本，最好不使用校正因子，因为引入校正因子会导致样本量变小，即

$$SE(p) = \sqrt{\frac{0.877(1-0.877)}{49-1}} = 0.047$$

估计比例 95% 置信区间为

$$95\%CI = 0.877 \pm 1.96 \times 0.047 = 0.877 \pm 0.092$$

因此，估计比例 95% CI 真实值在 0.7448（或 74.48%）和 0.9703（或 97.03%）之间。

式 6 对有限群体不做校正。如果样本中合格动物总数的数据可用，那么 95% 置信区间应该为

$$95\%CI = p \pm 1.96 \times \sqrt{\frac{p(1-p)}{n-1} \frac{(N-n)}{N}} \qquad (式7)$$

式 7 中：N 为免疫并符合抽样条件的动物总数，$\frac{N-n}{N}$ 为有限群体校正因子。

评论：假设 49 头动物中有 43 头（87.7%）对疫苗产生了可衡量的反应，调查员可得：①预期 85% 动物产生可衡量反应这一初始假设，不同于实际 87.7%（尽管 95% 置信区间 87.7%±9.2% 包括预期流行率 85%）；②87.7% 代表估计可用的最佳点

（初始假设对估计样本量是必要的，但一旦有数据，应该基于研究结果做出估计）。得出结论的初始假设应与实际结果相差不大。

调查员可能会注意到估计样本量公式 1 只是公式 5 的重新排列。事实上，允许误差即估值的标准误差。

该方法也适用任何按系统随机抽样方法进行的选择过程，虽然不绝对正确，但在大多数实际应用中引入偏差可忽略不计。

3. 方法Ⅱ：采用更复杂研究设计（两阶段随机抽样）估算免疫比例

目的：评估群体中具有可检测抗体水平的动物比例。

目标群体：实施免疫计划的地区或区域内的动物总数，调查结论将适用该地区或区域。鉴于动物种类构成或免疫中的变量因素（如不同免疫策略、免疫团队、冷链、疫苗批次等）导致显著不同的亚群体免疫水平不同。若目标群体组成复杂，则应分类。要求结论的确定性越大，分类应越清晰。实践中，通常每个动物种类视为不同的目标群体，可以是省份或区域（而不是整个国家或地区）为群体单位，检验免疫效果的地区差异。建议抽样的数量适用每个亚群体。此外，符合抽样条件的动物都是目标群中的动物，其中包括已免疫和未免疫的动物（接种活动期间不适合接种的动物、未接种的动物或新引入的动物）。

群体来源：预先选定的主要抽样单位中符合抽样要求的动物个体。

关注单元：动物个体。

关注结果：口蹄疫抗体水平。

抗体效价检测：疫苗的结构蛋白抗体效价。如果已知一个保护阈值，那么抗体效价高于该阈值的动物，则为得到充分保护的动物；如果效价低于该阈值的动物，则为未得到充分保护的动物。

抽样时间：定期实施免疫方案时，可在预期最高或最低水平时估计免疫力。免疫后 30 天或动物加强免疫当日，如果没有定期实施免疫，则不涉及免疫当日抽样。

方法和意义：旨在评估整体免疫水平，区分抗体由疫苗产生还是田间感染产生。如果疫苗未能诱导产生非结构蛋白抗体，检测血清样本就不存在非结构蛋白抗体，可区分免疫或感染（注：1 头份或 2 头份未纯化疫苗免疫的畜群中，非结构蛋白抗体阳性率比较低）。当区域内病毒传播的发生率非常低或为零时，可不进行非结构蛋白抗体检测。当定期实施免疫计划时，免疫水平与年龄之间存在直接联系。因此，建议按年龄分类，这将有助于解释检测结果。每一个不同的年龄组都应视为一个不同的免疫亚群。如果免疫水平的估计局限于特定的年龄段，建议对 1~2 岁年龄组进行采样，其中包括已免疫多次的动物，这有助于了解低年龄组（可能较低）和较年长年龄组（可能较高）的免疫水平。如果不能提前获得每个流行病学单元中合格动物的数量（常见于发展中国家），采样时应注意收集该数据。

抽样设计：对一般群体或特定亚群的免疫水平评估涉及复杂调查的设计。特殊举例：该设计很可能是两阶段的整群抽样，第一阶段是流行病学单元即初级抽样单元（primary sampling units，PSUs），第二阶段是单个动物即次级抽样单元（secondary sampling units，SSUs），这些动物在选择的 PSUs 中。首先选择一定数量的 PSUs，然后在每个 PSUs 中选择一定数量的个体即 SSUs。显然，这个过程只有第一阶段选择过的 PSUs 才能进行 SSUs 选择。

PSUs：可选择不同的随机抽样方法。然而，PSUs 一般采用大小比例概率法（PPS）或简单随机抽样法。如果实施免疫效果评估的区域有所有流行病学单元的列表和每个流行病学单元的大概动物数量，则建议进行 PPS 采样。此选择保证了样品自加权，其估算阳性比例（p）及置信区间时无须进一步调整（使用概率来选择 PSUs 程序的讨论此处略，请参见统计教科书）。另外，如果采用 PPS 程序选择 PSUs，每个取样年龄组的参考群体规模可能会不同。如有所有流行病学单元的列表，PSUs 由简单随机抽样法选择。在可行的情况下，SSUs 可以通过系统随机抽样或简单随机抽样法来选择。

样本量：为计算合适样本量，需平衡精确度和成本[19]。样本量取决于（类似方法 I）估计（或允许误差或标准误差）的期望精确度、预期流行率和所需置信度。此特定类型调查，PSUs 的数量通常很大，与群体的规模无关。

抽样的两个阶段意味着有两个变异性来源：PSUs（簇）之间的变异性和 PSUs 内部的变异性。

为了更好地理解应用这种复杂设计的意义，需要引入两个额外的概念，即设计效应和簇内相关系数[5,19]。

设计效应（D）指在复杂设计中观察到的变异性与简单随机抽样法设计时预期变异性之间的比率（给定样本量 n）。设计效应说明：为获得相同水平的精确度（即同样的标准误差），复杂的调查设计（如两阶段整群抽样，如果与一个简单随机抽样法设计相比）需要多少样本。例如，对于复杂的调查设计，若 $D=2$，则需要 $2n$ 个样本，以达到简单随机抽样法设计的预期精确度水平，可表示为

$$D=\frac{s_{cluster}^2}{s_{srs}^2} \qquad (\text{式 } 8)$$

式 8 中：s^2 为两种研究设计下的方差。

只有在研究结束时才能准确计算设计效应。但实际上，可根据每个流行病学单元中收集样本的平均数和簇内相关系数（rho）来估算，即

$$D = 1 + (m-1)rho \qquad (式9)$$

式9中：m 为每个流行病学单元采集的平均样本量。

rho 量化簇内群体单位彼此相似的程度，通过比较簇间方差和簇内方差来解释簇类数据的相关性，可表示为

$$rho = \frac{s_b^2}{s_b^2 + s_w^2} \qquad (式10)$$

式10中：s_b^2 为簇间方差，s_w^2 为簇内方差。注意，rho 可通过重新排列公式9来估计，即

$$rho = \frac{D-1}{m-1} \qquad (式11)$$

rho 值可能在0到1之间，也可能是负值。当 $rho=1$ 时，相当于该变量在簇中完全隔离，即构成簇的所有元素将具有完全相同的值。

如果变量完全随机分布在簇中，则 $D = 1 + (n-1)rho = 1$。如果 $rho=0$，则 $D=1$（与 n 值无关）。这意味着分簇设计的变异性等于简单随机抽样法设计的变异性，不需要对样本量进行调整。

参数 p 影响每个簇内的样本量，一般来说，p 值接近1，簇内的样本量减少（因为测试少数动物足以获取所需信息），但增加总体变异性会增加采样的 PSUs 数量（簇）。

rho 值很少接近1。一般认为，数值 $s \leqslant 0.2$、$0.2 < s \leqslant 0.4$ 和 $s > 0.4$ 分别表示低、中、高的同质程度。

目前，有几个特定的软件程序来计算样本数量和分析两阶段簇类抽样的结果，但需要一定的专业知识，这种软件程序往往没有提供给田间兽医，特别是在发展中国家。如果使用特定的软件程序不可行，可使用下面步骤估计复杂调查的大致样本量。

样本量的估计分为5个步骤：

步骤1 定义以下项目：期望的置信度（通常为95%）；事

件的预期发生率（p）；估计值（e）的期望精确度（或允许误差或标准误差）；每个选择的流行病学单元采集的样本数（m）。

步骤 2　假设简单随机抽样法设计，使用公式 1 估计所需的 SSUs（动物）总数：

$$n=\frac{1.96p(1-p)}{e^2}$$

步骤 3　使用公式 9 估计设计效应，并假设每个流行病学单元将抽样 m 个个体：

$$D=1+(m-1)rho$$

rho 值可从以前的研究中得到或在初步研究中计算得到；如果不可行，可使用具有类似流行病的其他疫病的 rho 值。如果这些选择都不可行，那么就必须猜测 rho 值。如前所述，$s\leqslant0.2$、$0.2<s\leqslant0.4$、$s>0.4$ 分别表示低、中、高的同质程度。

步骤 4　调整样本规模以达到簇类效果：

$$n_{adjusted}=n\cdot D$$

其中：$n_{adjusted}$ 考虑到聚集受试者间的相似性所需要的 SSUs 总数。

步骤 5　确定待采样的簇数（C）：

$$C=n_{adjusted}/m$$

最后，需要估计 SSUs 数量，事件的流行率通过两阶段抽样方法给定期望置信度，得出精确度和每个 SSUs 的样本量。

如上所述，这一过程仅为说明目的而逐步介绍。实际应用中，可直接应用公式（5）得到最终结果，即

$$C=\frac{1.96^2p(1-p)}{e^2\cdot m}\cdot D \tag{式 12}$$

把公式 9 代入公式 12：

$$C=\frac{1.96^2p(1-p)}{e^2\cdot m}[1+(m-1)rho] \tag{式 13}$$

在继续讨论下一个举例之前，如 3.5.1 节所述，应回顾所选集群的数目，至少应为 25。

示例 Ⅱ.a

假设需对牛群免疫状况进行评估，决定实施两阶段的簇类抽样，即用 PPS 选择簇类，以估计实施该方案的地区具有抗口蹄疫"特定抗体水平"的牛的比例。如第 3.5.1 节所示，按年龄（0~6 月龄、6~12 月龄、12~24 月龄、>24 月龄）对动物种群分类。每个不同的年龄组都应被视为一个不同的亚群。为便于说明，样本大小、流行率和置信区间的估计仅限于 0~6 月龄组。

出于实际原因，合理的工作量应是每个集群收集 10 个样本。预期流行率确定为 60%，置信水平为 95%，精确度为 10%。鉴于母源抗体可能仍然存在，所有 6 月龄及以下的动物都不应接种疫苗，因此免疫水平可能有很大的差异。因此，这些动物的免疫状态中，可以预期相对较低水平的同质性。由于以前的调查没有关于 rho 值的数据，因此假设 0.2 可能是合适的。

现在的问题是：样本中应该包含多少个簇？

待采样的簇数由公式 13 估计，用相应的数值替换公式 13，即

$$C = \frac{1.96^2 \times 0.6 \times (1-0.6)}{0.1^2 \times 10} \left[1 + (10-1) \times 0.2\right] \approx 26$$

由此可知，应从 26 个流行病学单元收集总共 260 份样本，然后每个流行病学单元抽取 10 份样本，以评估 6 月龄及以下年龄组的免疫力。

在这种情况下，当簇数为 26（每个簇中要采集 10 份个体样本），则不违反正态性假设，结果可接受。

如果采样的簇数量小于 25，则通过 m 保持采样的簇数量不变（$C=25$）来求解公式 12。这一方法已用于估计第 3.5.1 节所示的 4 个不同年龄组的样本量。

估计流行率和置信区间：估计流行率应考虑选择簇的程

附　件

序。如果 PPS 选择簇，且在每个流行病学单元中选择固定数量的受试者，那么种群中的每个动物被选择的概率相同。同样，如果采用简单随机抽样法选择簇，且选择每个流行病学单元中动物的比例固定，那么种群中每只动物被选择的概率也将大致相同。

如果采用简单随机抽样法选择簇，且在每个流行病学单元中选择固定数量的受试者，那么动物被选择的概率不相等，应考虑不同的被选择概率，以获得适当的点估计。

选项 1：PPS（或每个 PSUs 中动物比例固定的简单随机抽样法）选择簇时的流行率和 *CI* 估计

某一事件的流行率可以通过公式 14 估计，即

$$p = \frac{\sum y_h}{\sum m_h} \qquad (式 14)$$

式 14 中：y_h 是每个通用 h 的 PSUs（流行病学单元或簇）中被充分保护的动物数量，m_h 是每个通用 h 的 PSUs 中采样的动物数量。

95％置信区间由公式 4 估计，其中 *SE* 为

$$SE = \frac{c}{\sum m_h} \sqrt{\frac{\sum y_h^2 - 2p \sum m_h y_h + p^2 \sum m_h^2}{c(c-1)}} \qquad (式 15)$$

式 15 中：c 是采样的簇数量。

示例 Ⅱ.b

本例中，在以上基础中抽样 26 个簇，得到结果如附表 2-2 所示。

获充分保护 6～12 月龄小牛的流行率可以通过公式 14 来估计，即

$$p = \frac{\sum y_h}{m_h} = \frac{176}{260} \approx 0.68$$

· 75 ·

附表 2-2　获得的假设结果

簇	M_h	m_h	y_h
1	80	10	6
2	212	10	9
3	35	10	4
4	1000	10	6
5	23	10	8
6	145	10	7
7	145	10	6
8	569	10	6
9	675	10	8
10	25	10	5
11	67	10	7
12	58	10	4
13	45	10	8
14	55	10	6
15	90	10	5
16	78	10	9
17	234	10	8
18	30	10	5
19	780	10	9
20	900	10	8
21	1200	10	6
22	35	10	7
23	187	10	8
24	26	10	7
25	812	10	9
26	27	10	5
总计	7533	260	176

附表 2-2 中，M_h 为每个通用 h 的 PSUs 中合格动物数量，m_h 为采样动物数量，y_h 为阳性动物数量。

由于假设采用 PPS 采集样本，无须进一步调整，则估计的标准误差由公式 15 计算可得：

$$SE = \frac{26}{260} \sqrt{\frac{1252 - 2 \times 0.68 \times 1760 + 0.68^2 \times 2600}{26\ (26-1)}} = 0.031$$

计算细节如附表 2-3 所示。

根据以上结果，95% CI 为 $0.68 \pm 1.96 \times 0.031$。因此，受到充分保护动物的真实比例将介于 0.62 到 0.74 之间。

附表 2-3　PPS 得出的聚簇结果

簇	m_h	y_h	y_h^2	$m_h y_h$	m_h^2
1	10	6	36	60	100
2	10	9	81	90	100
3	10	4	16	40	100
4	10	6	36	60	100
5	10	8	64	80	100
6	10	7	49	70	100
7	10	6	36	60	100
8	10	6	36	60	100
9	10	8	64	80	100
10	10	5	25	50	100
11	10	7	49	70	100
12	10	4	16	40	100
13	10	8	64	80	100
14	10	6	36	60	100
15	10	5	25	50	100
16	10	9	81	90	100
17	10	8	64	80	100

（续）

簇	m_h	y_h	y_h^2	$m_h y_h$	m_h^2
18	10	5	25	50	100
19	10	9	81	90	100
20	10	8	64	80	100
21	10	6	36	60	100
22	10	7	49	70	100
23	10	8	64	80	100
24	10	7	49	70	100
25	10	9	81	90	100
26	10	5	25	50	100
总计	260	176	1252	1760	2600

选项 2：简单随机抽样法选择簇时的流行率和 *CI* 的估计（每个 PSUs 中采样固定数量的动物）

若样本没有自加权，估计流行率及其置信区间之前，需要做出适当的调整。

每个簇的权重因子为符合 M_h 条件的动物数量除以源群体中符合条件的动物总数，即

$$w_h = M_h / \sum M_h$$

根据公式 16 估计权重比例，即

$$p = \sum w_h \cdot p_h \qquad （式 16）$$

式 16 中：p_h 为每个通用 h 的 PSUs 阳性比例。

未加权 p 和加权 p 的估计同样适用于标准误差的估计。利用所收集样本的加权数和每个簇中阳性结果的个数估计标准误差，可得：

$$SE = \frac{c}{\sum m_{hw}} \sqrt{\frac{\sum y_{hw}^2 - 2p \sum m_{hw} y_{hw} + p^2 \sum m_{hw}^2}{c(c-1)}} \quad （式17）$$

式 17 中：$m_{hw} = w_h \cdot n$（$n=260$，附表 2-2 和附表 2-3 的总样本量），$y_{hw} = p_h \cdot m_{hw}$（$p_h$ 每个簇发现的阳性比例，即附表 2-2 的 y_h/m_h）。

最后，使用公式 17 估计 95％ CI。

示例 Ⅱ.c

该例中使用与上例相同的数据，假设简单随机抽样法选择簇而不是 PPS 选择簇（样本不自加权）。因此，需要对调查结果加权，以估计事件的流行率。加权流行率由公式 16 估计，计算细节如附表 2-4 所示。

附表 2-4　加权流行率的聚簇结果

簇	m_h	m_b	y_h	p_h	权重（w_h）	$p_h w_h$
1	80	10	6	0.6	0.011	0.0064
2	212	10	9	0.9	0.028	0.0253
3	35	10	4	0.4	0.005	0.0019
4	1000	10	6	0.6	0.133	0.0796
5	23	10	8	0.8	0.003	0.0024
6	145	10	7	0.7	0.019	0.0135
7	145	10	6	0.6	0.019	0.0115
8	569	10	6	0.6	0.076	0.0453
9	675	10	8	0.8	0.090	0.0717
10	25	10	5	0.5	0.003	0.0017

（续）

簇	m_h	m_b	y_h	p_h	权重（w_h）	$p_h w_h$
11	67	10	7	0.7	0.009	0.0062
12	58	10	4	0.4	0.008	0.0031
13	45	10	8	0.8	0.006	0.0048
14	55	10	6	0.6	0.007	0.0044
15	90	10	5	0.5	0.012	0.0060
16	78	10	9	0.9	0.010	0.0093
17	234	10	8	0.8	0.031	0.0249
18	30	10	5	0.5	0.004	0.0020
19	780	10	9	0.9	0.104	0.0932
20	900	10	8	0.8	0.119	0.0956
21	1200	10	6	0.6	0.159	0.0956
22	35	10	7	0.7	0.005	0.0033
23	187	10	8	0.8	0.025	0.0199
24	26	10	7	0.7	0.003	0.0024
25	812	10	9	0.9	0.108	0.0970
26	27	10	5	0.5	0.004	0.0018
总计	7533	260	176			0.7286

加权流行率为 0.7286（即 72.86%），与未加权的估计值不同。如果簇的规模相似，未加权估计和加权估计之间将只有微小的差异。簇包括农场、村庄、碾压栏等，簇规模的范围通常非常广泛。

加权标准误差由公式 17 计算可得：

$$SE=\frac{26}{260}\sqrt{\frac{3532-2\times0.73\times4743+0.73^2\times6576}{26（26-1）}}=0.041$$

公式 17（使用附表 2-4 中的数据）的计算细节，如附表 2-5
所示。

附表 2-5　公式 17 的加权值

簇	m_{hw}	y_{hw}	m_{hw}^2	y_{hw}^2	$m_{hw}y_{hw}$
1	2.86	1.72	8.18	2.94	4.91
2	7.28	6.55	53.00	42.93	47.70
3	1.30	0.52	1.69	0.27	0.68
4	34.58	20.75	1195.78	430.48	717.47
5	0.78	0.62	0.61	0.39	0.49
6	4.94	3.46	24.40	11.96	17.08
7	4.94	2.96	24.40	8.79	14.64
8	19.76	11.86	390.46	140.56	234.27
9	23.40	18.72	547.56	350.44	438.05
10	0.78	0.39	0.61	0.15	0.30
11	2.34	1.64	5.48	2.68	3.83
12	2.08	0.83	4.33	0.69	1.73
13	1.56	1.25	2.43	1.56	1.95
14	1.82	1.09	3.31	1.19	1.99
15	3.12	1.56	9.73	2.43	4.87
16	2.60	2.34	6.76	5.48	6.08
17	8.06	6.45	64.96	41.58	51.97
18	1.04	0.52	1.08	0.27	0.54
19	27.04	24.34	731.16	592.24	658.05

（续）

簇	m_{hw}	y_{hw}	m_{hw}^2	y_{hw}^2	$m_{hw}y_{hw}$
20	30.94	24.75	957.28	612.66	765.83
21	41.34	24.80	1709.00	615.24	1025.40
22	1.30	0.91	1.69	0.83	1.18
23	6.50	5.20	42.25	27.04	33.80
24	0.78	0.55	0.61	0.30	0.43
25	28.08	25.27	788.49	638.67	709.64
26	1.04	0.52	1.08	0.27	0.54
总计	260.00	190.00	6576.00	3532.00	4743.00

根据以上结果，95% CI 为 $0.7286 \pm 1.96 \times 0.041$。因此，抗体阳性动物的真实比例将介于 0.648 和 0.809 之间。

4. 方法Ⅲ：群体免疫效果监测

目的：估计"未充分接种"的流行病学单元的比例。

目标群体：在实施免疫方案的地区或地区内的流行病学单元总数。

关注单元：流行病学单元（农场、村庄、碾压栏、浸槽）。

抽样时间：定期实施免疫方案时，可在预期最高或最低水平时估计免疫力。通常在免疫后 28 天，或者在动物加强免疫的当天。应考虑样本收集时间，以评估免疫计划的执行情况，基于抗体的阈值水平应该等于或大于该阈值。

方法和意义：为估计 NAVEU 的比例，首先选择适当数量的流行病学单元（第一阶段），然后根据每个选择的流行病学单元内收集样本的结果确定流行病学单元的状况（第二阶段），在此基础上估算 NAVEU 的比例。

关于按年龄分类的方法Ⅱ的建议也适用于这种情况，建议按年龄分类。

为准确估计因接种疫苗产生的流行病学单元的免疫水平，有必要区分抗体由疫苗产生还是田间感染产生。如果疫苗未能诱导产生非结构蛋白抗体，检测血清样本是否存在非结构蛋白抗体，也可区分是免疫抗体还是感染抗体。当区域内病毒传播的发生率非常低或为零时，可不进行非结构蛋白抗体检测。

流行病学单元的抽样设计：如果有可靠的流行病学单元列表，则可通过简单随机抽样法设计选择流行病学单元。所选的流行病学单元将是抽取个体样本的群体来源。

每个流行病学单元中选择个体的抽样设计：可以使用简单随机抽样法随机选择符合条件的个体。

估计所需的流行病学单元的样本量：如前所述，样本量估计涉及非统计学和统计学两方面。

所需的流行病学单元的数量取决于估计的期望精确度、事件的预期流行率和所需的置信度，用简单随机抽样法设计估计样本量，应使用公式 1。

如果符合抽样条件的总体已知，且计算样本量为总样本量的 1/10 或以上，则可通过有限的总体校正因子调整样本量。

用于评估每个流行病学采样单位状态的样本量：如果流行病学单元接种充分，第一步确定抗体水平等于或大于保护水平的动物的预期流行率。一旦确定阈值，则计算样本量，没有获得相等或更高抗体水平的动物的概率不能超过 5%（即置信水平为 95%）。

在此种情况下，每个流行病学单元内的样本量将使用公式 18 估计，即

$$n = (1 - \alpha^{\frac{1}{D}}) \left(N - \frac{D-1}{2}\right) \qquad (式18)$$

式 18 中：α 为没有发现任何一头动物的抗体效价等于或大于某一特定水平的概率（$\alpha = 1 -$ 置信度）；D 是认为抗体效价等于或大于特定水平并假设在场动物绝对数量（将预期流行率乘以 N 得到）；N 是任何流行病学单元中符合抽样条件的动物总数。

从一个无限群体进行抽样时，也可使用以下类似公式：

$$n = \frac{\log_{10}\alpha}{\log_{10}(1-p)} \qquad （式 19）$$

式 19 中：α 为在样本中没有发现至少一头动物的抗体效价等于或大于某一特定水平的概率（$\alpha = 1 -$ 置信度）；p 是抗体效价等于或大于某一特定水平的动物的最低预期流行率。

如果没有发现抗体效价等于或大于某一特定水平的动物，流行病学单元将被归类为 NAVEU。

流行率和置信区间的估计：一旦定义所有流行病学单元的状态，则分别用公式 3 和公式 6 估计 NAVEU 的流行率及其 95％ 置信区间。

示例Ⅲ

口蹄疫免疫计划于 3 年前开始实施。3 月龄以上的牛，每 6 个月免疫 1 次。牛总数分布在 1000 个流行病学单元。调查目的是估计 NAVEU 的比例。本例中，如果抗体效价等于或大于某一特定水平的动物的流行率为小于 70％，则将流行病学单元视为 NAVEU。

第一，计算适当的流行病学单元数目。假设 NAVEU 的预期流行率为 $p = 0.35$（或 35％，意味着预期 65％ 的流行病学单元已充分接种），并期望绝对精确度为 0.05（或 5％）和 0.95（或 95％）的置信水平，单元使用公式 1 可得：

$$n = \frac{1.96^2 \times 0.35 \times 0.65}{0.05^2} \approx 350$$

由于拟抽样流行病学单元数为流行病学单元总数（350/

1000）的 10%，那么采用有限群体校正因子，使用公式 2 可得：

$$n_i = \frac{1}{1/350 + 1/1000} \approx 259$$

第二，计算每个流行病学单元的适当样本数。假设抗体效价等于或大于某一特定水平的动物的最低预期流行率为 70%，期望的置信水平为 95%，并且该流行病学单元中有 100 头合格动物，使用公式 18 可得：

$$n = (1 - 0.05^{1/70}) \left(100 - \frac{70 - 1}{2}\right) = 2.7 \approx 3$$

因此，每 100 头合格动物的流行病学单元需要收集 3 份个体样本。可以事先准备一个表格，其中抽取的样本量是合格动物总数的函数。

如果收集的 3 份样本中，均无阳性，在 95% 的置信水平上意味着阳性发生率低于 70%。因此，流行病学单元被划分为 NAVEU。

从一个无限群体进行抽样时，使用公式 19 可得：

$$n > \frac{\log_{10} 0.05}{\log_{10}(1 - 0.70)} = 2.488 \approx 3$$

为达到此目的，即使样本来自有限群体，也可使用近似公式。由于使用近似公式，每个流行病学单元所要收集的额外样本数通常较小。

估计和置信区间：一旦确定所有流行病学单元的状况，就可估计 NAVEU 的流行率和 95% CI。

假设 259 个被测的流行病学单元中有 72 个被划分为 NAVEU，即在这 72 个流行病学单元中所有动物检测均为阴性，则 NAVEU 的比例如公式 3 所示：

$$p = \frac{72}{259} \approx 0.28(28\%)$$

p 的标准误差根据公式 5 估计可得：

$$SE(p) = \sqrt{\frac{0.28 \times (1 - 0.28)}{259 - 1}} \approx 0.028$$

利用公式 6 估计比例的 $95\%CI$ 为：
$$95\%CI=0.28\pm1.96\times0.028$$

因此，估计比例的 $95\%CI$ 为 0.28 ± 0.055，即真实值（$95\%CI$）介于 0.225 和 0.335 之间。

当系统性实施免疫计划时，年龄大的动物接种疫苗的次数会比年龄小的动物多，因此动物年龄越大免疫水平越高。因此，建议按年龄分类。各个不同的年龄组分别设不同的亚群，即各个年龄层进行全面调查。

附件 3 加强兽医服务

OIE 兽医体系运行效力评估（PVS）程序，有助于提高兽医服务管理质量和服务水平，是支持 FAO/OIE 全球口蹄疫控制战略[43]和相关的口蹄疫防控准则的关键。

政府具有负责规范管理动物卫生系统的职能，良好动物卫生系统管理体系包括疾病的预防和控制、疫病的早期发现与报告透明化、快速处置、适当立法和执行手段，以及密切的公私伙伴关系等。当今世界互联互通，任何的地方性潜在风险都可能转变为全局性风险。

为提高国家兽医服务水平，达到《OIE 陆生动物卫生法典》规定的兽医服务质量标准，因此制定 PVS 程序，并持续改进，使其效益最大化，从而实现投资目标。

有关 PVS 程序的应用和能力建设结对项目的更多信息，可从 OIE 网站（www.oie.int）获取，具体如下：

PVS 工具：www.oie.int/en/support-to-oie-members/pvs-pathway

PVS 评价：www.oie.int/en/fileadmin/Home/eng/Support_to_OIE_Members/pdf_A_Tool_Final_Edition_2013.pdf

PVS 差距分析：www.oie.int/en/support-to-oie-members/pvs-gap-analysis/pvs-gap-analysis-tool/

兽医法规：www.oie.int/en/support-to-oie-members/veterinary-legislation/

兽医教育培训指南：www.oie.int/en/support-to-oie-members/veterinary-education/

兽医结对项目指南：www.oie.int/en/support-to-oie-members/laboratory-twinning/

该策略可以直观表示为附图 3-1。

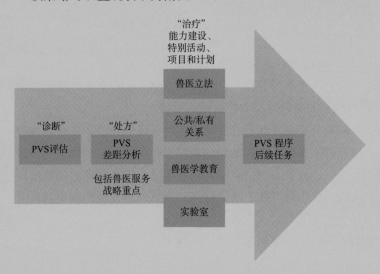

附图 3-1　OIE 与政府、赞助者和其他利益相关方的合作

附件 4　疫苗有效性

1. 原理

疫苗有效性（vaccine effectiveness，VE）指免疫计划中疫苗的田间保护力。它与疫苗效力不同，疫苗效力指疫苗理想条件下的保护力。

疫苗有效性的变化不可预测，特别是在免疫计划实施期间发生疫情时，应监测疫苗有效性。对人类医学而言，疫苗有效性评估是疫苗获得许可后进行评估的关键步骤。

由于不遵守冷链和保质期要求，疫苗的田间保护力常与理想保护力有差异。此外，不同批次疫苗效力可能不同，个体对疫苗的免疫反应也不同。

当攻毒剂量相同时，疫苗有效性通常用免疫动物发病率或感染数量未免疫动物的发病数来计算，公式为 $VE = (R_U - R_V) / R_U$，其中 R_U 为未免疫群的发病率、R_V 为免疫群的发病率。该方程式也可表述为 $VE = 1 - R_V / R_U$，通常用百分比表示。

计算 VE 所需数据通常来自田间收集的数据[27]。

目前有几种不同的设计方法，下面将详细描述基于疫情暴发调查的简单设计方法。读者可以参考其他文本了解其他设计细节[8,27,33]。许多方法需要大量临床病例，不适用于无疫群体。

2. 疫苗有效性的回顾

（1）疫情暴发时如何开展疫苗有效性调查

选择在过去 6 个月内接种口蹄疫疫苗，但随后暴发口蹄疫的村庄或大型农场，同时评估受同一疫情影响的几个邻近村庄或农场。疫情结束，立即调查疫苗有效性，调查时间点选在疫情末期最好。动物接种疫苗必须有良好记录，小型公司可能会详细记录细节，农民必须清楚发生口蹄疫的动物。在疫情暴发之前（近3年）必须无感染口蹄疫的历史，疫情暴发期间接种其他疫苗会使调查变得更加复杂。

（2）抽样和数据收集（包括模板）

收集本地家畜管理、免疫及口蹄疫历史的详细信息，如附表4-1所示。探访已经暴发口蹄疫的养殖户或畜群，即直接接触病例或已知感染病例的养殖户或畜群。如果没有足够时间登记全部合法的畜户或组别信息时，应随机选择登记，亦可从村庄或大型农场按照不同地理位置选择相同比例的养殖户或畜群。如选择养殖户，应收集每只动物免疫接种和是否感染口蹄疫的详细情况，并对动物采血（可能包括≤24月龄的牛），所有牛都要进行口腔检查（除非不可能或存在不安全因素），检查其硬腭、牙龈、嘴唇和舌头上是否有口蹄疫病变。通常在感染后4天左右出现口腔小泡和水泡烂斑，10天内疤痕将愈合，疤痕随着时间推移逐渐消退。临床症状与病毒排毒和传播密切相关，可用于评估疫苗保护水平。排除小于6月龄的牛，因为它们可能有母源抗体保护。考虑到保定设施较差，一项调查需要3名训练有素的工作人员，花费约8天时间，至少对250头牛（多了更好）采样，并进行样本量计算。

附表4-1　疫苗有效性的回顾性调查所收集的信息

项目	具体信息
有关细节	省、区、村、养殖户名称，放牧类型（无、私营、普通），牧群规模，首次和末次暴发口蹄疫日期
动物详情	动物耳标编号、年龄、性别、居住群、品种，口蹄疫由养殖户报告、检查发现、血清学检测
免疫详情	最后一次接种的日期、最后一次接种口蹄疫疫苗的种类和批号、动物整个生长期接种的疫苗数量、暴发和最后一次接种之间的时间、最后一轮接种的免疫覆盖率（根据数据计算而得）

（3）分析

最简单的分析是根据动物一生接种疫苗剂量，观察发病率（即病例数/动物总数），如果牧民报告发生口蹄疫或检查中发现口蹄疫，则为口蹄疫发病动物。如果使用纯化疫苗，则可通过检测非结构蛋白抗体评估感染状况。

最后一剂疫苗有效性可用上文提及的公式来评估，最好对动物每次接种疫苗进行单独估计。在严格执行口蹄疫免疫的地方，免疫接种与年龄相关，可能无法将年龄与疫苗的保护作用截然分开。如果存在多个年龄段未接种疫苗的牛，可以使用多变量回归技术或 Mantel-Haenszel 方法来控制这种影响。否则，未调整的原始疫苗有效性很可能有偏差和误导性，此外还应考虑其他影响因素。通过观察免疫动物的发病率，并判断发病率高低，特别是多次免疫动物的发病率，仍可得出疫苗保护情况的结论。

该方法的优点是成本较低，实施速度快，易得结果。缺点是依赖于农民的回忆和记录，因此建议对不同来源信息进行交叉核对。所调查疫情可能是疫苗免疫失败的孤立事件，并不能反映疫苗真实质量。未免疫对照动物不常见。

更多细节见 Knight-Jones 等的研究结果[27]。

致　谢

　　本指南经 OIE/FAO 口蹄疫参考实验室网络工作组和其他口蹄疫专家的研讨，专家分别为 Rossana Allende、Paul Barnett、Hernando Duque、He Jiun、Xiangtao Liu、Eduardo Maradei、Antonio Mendes、Samia Metwally、Susanne Munstermann、Bramhadev Pattnaik、Claudia Perez、Ludovic Plee、Zhang Qiang。本指南随后由一些作者和 Kris de Clercq、Tim Doel、Phaedra Eble、Mary Joy Gordoncillo、Cornelis van Maanen、Alasdair King、Mokganedi Mokopasetso、Keith Sumption 组成的 FAO-OIE 专家组协助确定内容和格式。

参 考 文 献

[1] Alexandersen S, Zhang Z, Donaldson A I ,et al . The pathogenesis and diagnosis of foot-and-mouth disease[J]. J. Comp. Pathol. , 2003,129, 1-36.

[2] Armitage P. Statistical methods in medical research. Blackwell Scientific Publications[M]. Oxford: United Kingdom, 1971.

[3] Barnett P V, Statham R J, Vosloo W, et al . Foot-and-mouth disease vaccine potency testing: determination and statistical validation of a model using a serological approach[J]. Vaccine, 2003,21, 3240-3248.

[4] Barteling S J, Yadin H, Sutmoller P. Discussion paper on guidelines for control of Foot-and-Mouth Disease (FMD) vaccine quality and performance in the field [R/OL]. www. fao. org/ag/againfo/ commissions/docs/greece04/ App19. pdf, 2004.

[5] Bennett S, Woods T, Liyanage W M, et al. A simplified general method for cluster sample surveys of health in developing countries[J]. World Health Stat. Q. , 1991, 44, 98-106.

[6] Brocchi E, De Simone F, Bugnetti M, et al. Application of a monoclonal antibody based competition ELISA to the measurement of anti-FMDV antibodies in animal sera[R]. Report of the European Commission for the Control of Foot-and-Mouth Disease (Session of the Research Group of the Standing Technical Committee), Lindholm, Denmark, Appendix 14. FAO, Rome, Italy, 1990.

[7] Burton A, Monasch R, Lautenbach B, et al. WHO and UNICEF estimates of national infant immunization coverage: methods and processes [J]. Bull. World Health Organ. , 2009, 87, 535-541.

[8] Chen R T, Orenstein W A. Epidemiologic methods in immunization

programmes[J]. Epidemiol. Rev., 1996,18, 99-117.

[9] Chénard G, Miedema K, Moonen P, et al. A solid-phase blocking ELISA for detection of type O foot-and-mouth disease virus antibodies suitable for mass serology[J]. J. Virol. Methods, 2003,107, 89-98.

[10] Cochran W G. Sampling techniques[M]. 3rd ed. Wiley:New York, 1977.

[11] Doel T R. Optimisation of the immune response to FMD vaccines[J]. Vaccine, 1999,17, 1767-1771.

[12] Estrada C, Perez A M, Thurmond M C. Herd reproduction ratio and time-space analysis of a foot-and-mouth disease epidemic in Peru in 2004 [J]. Transbound. Emerg. Dis., 2008,55, 284-92.

[13] Farid M N, Frerichs R R. Survey version 2.0. Department of Epidemiology, University of California (UCLA) [R/OL]. www. ph. ucla. edu/epi/ programs/csurvey2_manual. pdf,2007.

[14] Fleiss J L. Statistical methods for rates and proportions[M]. 2nd ed. John Wiley & Sons, Chichester: United Kingdom,1981.

[15] Food and Agriculture Organization of the United Nations. The progressive control pathway for FMD control[R/OL]. Principles, stage descriptions and standards. Available online: www. fao. org/fileadmin/user_upload/ eufmd/docs/PCP/PCP_en. pdf,2012.

[16] Garland A J. Vital elements for the successful control of foot-and-mouth disease by vaccination[J]. Vaccine, 1999,17, 1760-1766.

[17] Hamblin C, Kitching R P, Donaldson A L , et al. Enzyme-linked immunosorbent assay (ELISA) for the detection of antibodies against foot-and-mouth disease virus. 3. Evaluation after infection and vaccination[J]. Epidemiol. Infect., 1987,99, 733-744.

[18] Haydon D T, Woolhouse M E J,Kitching R P. An analysis of foot and mouth disease epidemics in the UK[J]. IMA J. Math. Appl. Med. Biol., 1997,14, 1-9.

[19] Hayes R J,Bennett S. Simple sample size calculation for cluster randomized trials[J]. Int. J. Epidemiol., 1999,28, 319-326.

[20] Henderson R H, Sundaresan T. Cluster sampling to assess immunization

coverage: a review of experience with a simplified sampling method[J]. Bull. World Health Organ. , 1982,60, 253-260.

[21] Jamal S M, Bouma A, van den Broek J, et al. Foot-and-mouth disease vaccine potency testing: the influence of serotype, type of adjuvant, valency, fractionation method, and virus culture on the dose-response curve in cattle[J]. Vaccine, 2008,26, 6317-6321.

[22] Jamal S M, Shah S I, Ali Q, et al. Proper quality control of formulated footand-mouth disease vaccines in countries with prophylactic vaccination is necessary[J]. Transbound. Emerg. Dis. , 2013,61, 483-489.

[23] Keeling M J, Woolhouse M E J, Shaw D J, et al. Dynamics of the 2001 UK foot and mouth epidemic: stochastic dispersal in a heterogeneous landscape[J]. Science, 2001,294 (5543), 813-817.

[24] Kitching R P,Salt J S. The interference by maternally-derived antibody with active immunization of farm animals against foot-and-mouth disease [J]. Br. Vet. J. , 1995,151, 379-389.

[25] Kish L. Survey sampling[M]. Wiley:New York,1965.

[26] Knight-Jones T J, Edmond K, Gubbins S,et al. Veterinary and human vaccine evaluation methods [J]. Proc. Biol. Sci. , 2014a, 281 (1784): 20132839.

[27] Knight-Jones T J, Bulut A N, Gubbins S, et al. Retrospective evaluation of foot-and-mouth disease vaccine effectiveness in Turkey [J]. Vaccine, 2014b,32 (16), 1848-1855.

[28] Knight-Jones T J, Gubbins S, Bulut A N, et al. Mass vaccination, immunity and coverage: modelling population protection against foot-and-mouth disease in Turkish cattle[J]. Sci. Rep. , 2016,6, 22121.

[29] Mackay D, Davidson F,Rendle T. FAO Phase XIV - Standardisation for FMD antibody detection ELISA[R]. In European Commission for Control of Foot-and-mouth Disease, Session of the Research Group of the Standing Technical Committee, 2-6 September Kibbutz Ma'ale Hachamisha, Israel,1996.

[30] Maradei E, La Torre J, Robiolo B, et al. Updating of the correlation between lpELISA titers and protection from virus challenge for the assessment of the potency of polyvalent aphtovirus vaccines in Argentina[J]. Vaccine, 2008,26 (51), 6577-6586.

[31] Nicholls M J, Rweyemamu M M, Okeke E N, et al. The control of foot and mouth disease by vaccination. Considerations for Nigeria[J]. Rev. Sci. Tech. Off. Int. Epiz. , 1983,2 (3), 771-780.

[32] Nicholls M J, Black L, Rweyemamu M M, et al. The effect of maternally derived antibodies on the response of calves to vaccination against foot and mouth disease[J]. J. Hyg. (Camb.), 1984,92, 105-116.

[33] Orenstein W A, Bernier R H, Hinman A R. Assessing vaccine efficacy in the field. Further observations[J]. Epidemiol. Rev. , 1988,10, 212-241.

[34] Paton D J, Valarcher J F, Bergmann I, et al. Selection of foot and mouth disease vaccine strains - a review[J]. Rev. Sci. Tech. Off. Int. Epiz. , 2005,24 (3), 981-993.

[35] Pay T W F. Factors influencing the performance of foot-and-mouth disease vaccines under field conditions [M]. Academic Press: Orlando, 1984.

[36] Pay T W F, Hingley P J. Foot and mouth disease vaccine potency tests in cattle: the interrelationship of antigen dose, serum neutralizing antibody response and protection from challenge[J]. Vaccine, 1992,10, 699-706.

[37] Robiolo B, La Torre J, Maradei E, et al. Confidence in indirect assessment of foot-and-mouth disease vaccine potency and vaccine matching carried out by liquid phase ELISA and virus neutralization tests[J]. Vaccine, 2010,28, 6235-6241.

[38] Sumption K, Domenech J, Ferrari G. Progressive control of FMD on a global scale[J]. Vet. Rec. , 2012,170, 637-639.

[39] Terpstra C, van Maanen C, van Bekkum J G. Endurance of immunity

against foot-and-mouth disease in cattle after three consecutive annual vaccinations [J]. Res. Vet. Sci. , 1990,49, 236-242.

[40] Van Bekkum J G, Fish R C, Nathans I. Immunologic responses in Dutch cattle vaccinated with foot-and-mouth disease vaccines under field conditions: neutralizing antibody responses and immunity to O, A, and C types [J]. Am. J. Vet. Res. , 1969,30, 2125-2159.

[41] Van Maanen C, Terpstra C. Comparison of a liquidphase blocking sandwich ELISA and a serum neutralization test to evaluate immunity in potency tests of foot-and-mouth disease vaccines [J]. J. Immunol. Methods, 1989,124, 111-119.

[42] Woolhouse M E J, Haydon D T, Pearson A, et al. Failure of vaccination to prevent outbreaks of foot and mouth disease [J]. Epidemiol. Infect. , 1996,116, 363-371.

[43] World Organisation for Animal Health The Global Foot and Mouth Disease Control Strategy[R/OL]. Strengthening animal health systems through improved control of major diseases. www. oie. int/doc/ged/ D11886. PDF,2012.

[44] World Organisation for Animal Health. Manual of Diagnostic Tests and Vaccines for Terrestrial Animals, 2014. Chapter 2. 1. 5. Foot-and-mouth disease. OIE, Paris [R/OL]. www. oie. int/manual-of-diagnostic-tests-and-vaccines-forterrestrial-animals/,2014.

[45] World Organisation for Animal Health. Terrestrial Animal Health Code [R/OL]. www. oie. int/international-standard-setting/terrestrial-code/ access-online/,2014.

图书在版编目(CIP)数据

口蹄疫免疫与免疫效果评估指南 /（意）詹卡洛·费拉里（Giancarlo Ferrari）等编著；朱元源等译. ——北京：中国农业出版社，2022.4
　　ISBN 978-7-109-29112-6

　　Ⅰ.①口… Ⅱ.①詹… ②朱… Ⅲ.①动物病毒病-口蹄疫-免疫-研究 Ⅳ.①S855.3

中国版本图书馆 CIP 数据核字(2022)第 019696 号

口蹄疫免疫与免疫效果评估指南

KOUTIYI MIANYI YU MIANYI XIAOGUO PINGGU ZHINAN

中国农业出版社出版

地址：北京市朝阳区麦子店街 18 号楼
邮编：100125
责任编辑：陈　瑨
责任校对：沙凯霖
印刷：北京印刷集团有限责任公司
版次：2022 年 4 月第 1 版
印次：2022 年 4 月北京第 1 次印刷
发行：新华书店北京发行所
开本：880mm×1230mm　1/32
印张：3.5
字数：150 千字
定价：58.00 元